火电厂除尘器改造经典案例

李　响　齐笑言　吴　静　主编

U0332998

东北大学出版社
·沈　阳·

图书在版编目（CIP）数据

火电厂除尘器改造经典案例 / 李响，齐笑言，吴静主编. — 沈阳：东北大学出版社，2021.10
ISBN 978-7-5517-2802-7

Ⅰ. ①火…　Ⅱ. ①李…　②齐…　③吴…　Ⅲ. ①火电厂—除尘设备—技术改造—案例　Ⅳ. ①TM621.7

中国版本图书馆 CIP 数据核字（2021）第 214081 号

出 版 者：东北大学出版社
地址：沈阳市和平区文化路三号巷 11 号
邮编：110819
电话：024-83683655（总编室）　83687331（营销部）
传真：024-83687332（总编室）　83680180（营销部）
网址：http://www.neupress.com
E-mail：neuph@neupress.com
印 刷 者：沈阳市美图艺术印刷有限公司
发 行 者：东北大学出版社
幅面尺寸：185 mm×260 mm
印　　张：14.5
字　　数：309千字
出版时间：2021年10月第1版
印刷时间：2021年10月第1次印刷
责任编辑：石玉玲
责任校对：刘　泉
封面设计：潘正一

ISBN 978-7-5517-2802-7　　定　价：68.00元

前言
PREFACE

为应对我国环保标准的不断提高，国内火电厂需对脱硝、脱硫及除尘设备进行升级、改造。我国火电厂基本以SCR和SNCR脱硝、以石灰石-石膏湿法脱硫为主，技术路线同质性较高。除尘器提效改造有加装低温省煤器、高频电源改造、三相电源改造、旋转电极改造、电袋复合型除尘器改造、除尘器本体修复、水膜除尘器、湿式电除尘器、除尘器扩容等多种改造方案。为满足环保标准的要求，各火电厂需结合自身燃煤煤质、飞灰成分、烟气参数、场地限制情况、除尘器技术路线、烟风系统情况、输灰系统情况、控制系统情况等影响因素，选择一种或几种不同技术路线进行组合，满足更严格的环保标准的要求。复杂的选型路线将为待改造的火电厂选择带来一系列的问题。

近年来，编者在火电厂环保技术服务方面开展了大量的研究与实践工作，为东北及蒙东地区火电厂提供了全方位的技术支持。本书选取4个具有代表性并各具特色的火电厂除尘器改造项目，且对其改造方案进行了梳理和总结。通过对各火电厂改造前各项技术参数、现场条件等影响因素进行分析，论证了实施不同技术路线的可行性，对各可行技术路线的改造成本、运行成本等因素进行分析后，推荐了最适宜的技术路线，可供后续火电厂除尘器改造工作借鉴。

限于编者水平，本书中仍存在很多不足之处，恳请各位专家、读者批评指正。

编　者

2021年3月

目录

CONTENTS

案例1 》

80 t/h燃煤供热过渡锅炉除尘器改造案例

1.1 概况

1.1.1 工程概况

1.1.1.1 热源站概况

某过渡热源站建于2009年，选址在原大化热电厂厂址，主要负责某热电厂拆除期间部分热用户的冬季供热工作。考虑到过渡方案的临时性、可靠性以及解决该区域冬季供暖的紧迫性，该过渡热源站建设有4台80 t/h层燃式的横梁炉排高温热水锅炉。每台锅炉均配套1台干式脱硫除尘器。

1.1.1.2 除尘器概况

主要的设备参数：1台锅炉配置1台干式脱硫、除尘一体化设备，设计除尘效率为60%，入口烟尘浓度为2.40 g/Nm^3；脱硫效率为70%，入口二氧化硫浓度为255.1 mg/Nm^3（原设计煤种）。

按照设计的电除尘器入口浓度和设计效率，除尘器出口烟尘为960 mg/Nm^3，烟尘排放浓度已不能满足《锅炉大气污染物排放标准》（GB 13271—2014）中规定：自2015年开始，执行锅炉大气污染物排放标准为80 mg/Nm^3。

1.1.2 除尘器改造的必要性

根据热源站提供的检测报告，现阶段粉尘、二氧化硫排放浓度均已超过现有的国家有关排放标准。随着环保标准的不断提高，粉尘及有害气体排放浓度达标已成为强制性要求，现有的除尘器、脱硫等设备难以适应越来越严格的环保排放标准的要求。

为保证这一过渡热源站的可持续发展，进行除尘器改造是必要的。

1.1.3 主要技术原则

（1）本工程为环保工程改造项目。

（2）除尘器除尘效率要使烟尘排放浓度满足国家环保标准。本次改造后的除尘器出口烟尘浓度应在150 mg/Nm^3（$\alpha = 1.4$）以下，经过湿法脱硫设备后，满足现行排放标准。

（3）在供暖期起炉之前，完成环保改造工程。

（4）为节约资金和缩短工期，在满足技术要求的前提下，尽可能利用现有的材料和基础。

（5）采用先进的除尘器控制系统，除尘器的运行实行微机闭环自动控制。

（6）环境保护、职业安全和工业卫生、防火和消防均应符合现行国家标准。

（7）引风机、脱硫改造额外进行设计，仅需给出除尘器改造对风机参数的要求，其他暂不考虑。

1.2　主要设备设计参数

1.2.1　热源站规模及主要设备参数

锅炉房目前共有4台链条炉，均为DZL58-1.6/115/70-AⅡ型锅炉，额定蒸发量为80 t/h。

4台锅炉合用一座80 m高的烟囱。

1～4号锅炉各配有1台干式脱硫、除尘一体化设备。

电厂现有主要设备及环保设施概况见表1.1。

表1.1　电厂现有主要设备及环保设施概况

项　目			机　组
锅炉		种类	链条
		型号	DZL58-1.6/115/70-AⅡ
		蒸发量	80 t/h
		投运时间	2009年
引风机		型号	Y4-73NO.20D
		电机功率	380 kW
		风量	188730 m^3/h
		风压	3583 Pa
烟气治理设备	除尘	种类	干式脱硫、除尘一体化设备
		效率	60%
	脱硫	种类	干式脱硫、除尘一体化设备
		效率	70%
	烟囱	型式	钢筋混凝土
		高度	80 m
		出口内径	3.34 m

1.2.2　燃料种类、成分分析

锅炉现用燃煤煤质分析结果见表1.2。

表1.2　锅炉现用燃煤煤质分析结果

序号	项目名称	符号	单位	煤质
1	收到基水分	Mar	%	16.62
2	收到基灰分	Aar	%	14.54
3	干燥无灰基挥发分	Vdaf	%	34.91
4	收到基低位发热量	Qnet.ar	kJ/kg	20852
5	收到基硫分	St.ad	%	0.50

1.2.3　现有除尘器、脱硫设备技术参数

1台锅炉配置1台干式脱硫、除尘一体化设备，设计除尘效率为60%，入口烟尘浓度为2.40 g/Nm^3；设计脱硫效率为70%，入口二氧化硫浓度为255.1 mg/Nm^3。

一体化设备布置简述：1～4号锅炉出口至干式脱硫、除尘一体化设备入口喇叭距离约为4.8 m，干式脱硫、除尘一体化设备出口喇叭跨越引风机上方，设备总长（不含出入口喇叭）为6.3 m，单台设备总宽为5.6 m。

每台干式脱硫、除尘一体化设备进出口烟道均为1个。

每台锅炉的烟气经1台引风机后，1～4号炉烟气合并进入烟囱。

1.3　除尘器改造工程技术参数

1.3.1　烟气设计参数

改造工程的主要设计参数见表1.3。

表1.3　除尘器、脱硫设备主要设计参数表（单台炉）

序号	参数名称	单位	单台炉
1	除尘器出口烟尘排放浓度（α = 1.4）	mg/Nm^3	150
2	除尘器入口烟尘浓度	g/Nm^3	2
3	设计除尘效率	%	≥92.5
4	入口二氧化硫浓度	mg/Nm^3	1000

表1.3（续）

序号	参数名称	单位	单台炉
5	入口烟气量（工况）	m^3/h	188730
6	入口烟气量（标态、干基）	Nm^3/h	100000
7	烟气中含水	%	9.5
8	烟气温度	℃	190

1.3.2 场地情况

锅炉厂房到除尘器入口喇叭距离约为1.2 m。除尘器出口喇叭跨越引风机上方。

除尘器总长（不含出入口喇叭）为6.3 m。

单台除尘器总宽为5.6 m。

每台除尘器进、出口烟道均为1个。

每台锅炉电除尘器的烟气经1台引风机后进入烟囱。

每台除尘器旁4 m处设有1台鼓风机。

每两台除尘器间有10.4 m空隙。

烟囱位于厂区东北侧，引风机出口有较大的利用空间。

除尘器前喇叭口与锅炉房之间没有扩建位置，除尘器后喇叭口与引风机之间也没有扩建位置，除尘器两侧有扩建位置。引风机出口至烟囱有较大的利用空间。

1.3.3 除尘器改造的目标

（1）设计效率。不小于92.5%（除尘器入口浓度为2 g/Nm^3时）。

（2）除尘器出口烟尘排放浓度保证值。不大于150 mg/Nm^3（$\alpha = 1.4$）。

（3）烟温除尘器在烟温190 ℃情况下，能够连续运行。

（4）本体漏风率。小于2.5%。

（5）气流均布系数。小于0.25。

（6）距壳体1.5 m处最大噪声。不大于85 dB（A）。

1.4 除尘器改造方案

1.4.1 静电除尘器改造方案（方案一）

为了将除尘器出口粉尘浓度降到150 mg/Nm^3以下，除尘器除尘效率至少要达到92.5%。

1.4.1.1　静电除尘器简介

（1）静电除尘器的工作原理。电除尘器是火力发电厂必备的配套设备，它的功能是清除燃煤或燃油锅炉排放烟气中的烟尘颗粒，从而大幅度降低排入大气层中的烟尘量，是减少环境污染、提高空气质量的重要环保设备。它的工作原理是烟气通过其主体结构前的烟道时，使其烟尘带正电荷，然后烟气进入设置多层阴极板的电除尘器通道。由于带正电荷烟尘与阴极板的相互吸附作用，使烟气中的烟尘颗粒被吸附在阴极上，定时打击阴极板，使具有一定厚度的烟尘在自重和振动的双重作用下，跌落在电除尘器结构下方的灰斗中，从而达到清除烟气中的烟尘的目的。

（2）静电除尘器的优势。① 净化效率高。电除尘器可以通过加长电场长度、增大电场有效通流面积、改进控制器的控制质量、对烟气进行调质等手段来提高除尘效率，以满足所需要的除尘效率。常规电除尘器正常运行时，其除尘效率一般都高于99%，能够捕集0.01 μm以下的细粒粉尘。在设计中，可以通过不同的操作参数来满足所要求的净化效率。② 压力损失小，设备压力小、总能耗低。电除尘器的总能耗是由设备压力、供电装置、加热装置、振打和附属设备（卸灰电动机、气化风机等）的能耗组成的。电除尘器的压力损失一般为150 ~ 300 Pa，约为袋式除尘器的1/5。③ 烟气处理量大。电除尘器由于结构上易于模块化，因此可以实现装置大型化。单台电除尘器的最大电场截面积可达到400 m^2。④ 允许操作温度高。⑤ 可以完全实现操作自动控制。在电气控制上，静电除尘器采用高压控制柜和变压器，电气控制技术很成熟。

1.4.1.2　改造方案概述

改造的理论基础是除尘器效率计算公式（多依奇公式），理论如下：电除尘器是依靠气体电离，粉尘粒子荷电，带电粒子在电场力作用下移动到收尘极板，从而被收集在收尘极板上，在合理的振打周期、振打力作用下，被收集在收尘极板上的粉尘呈片状落入收灰斗，并被去除。

电除尘器效率计算公式为

$$\eta = 1 - \exp\left(-\frac{A}{Q}\omega\right)$$

式中，A——收尘板面积，m^2；

Q——烟气量，m^3/s；

ω——驱进速度，cm/s。

单位烟气所对应的收尘板面积为比集面积 f，即 $f = A/Q$，单位为 $m^2/(m^3 \cdot s^{-1})$。

上式表明，电除尘器效率与驱进速度、比集尘面积的大小有关；在电除尘器尺寸一定的前提下，比集尘面积愈大、驱进速度愈大，除尘效率就愈高。因此，在煤种一定的条件下，如果烟气量与驱进速度也一定，要提高电除尘器的效率，必须增加比集尘面积（即总有效收尘面积），增加电场长度或者增加极板高度。

本次改造电除尘器出口烟尘排放小于150 mg/Nm^3，入口烟尘浓度为2 g/Nm^{3}时，除尘效率须达到92.50%，理论上比集尘面积必须不小于39.61 m^2/(m^3·s^{-1})，总收尘面积须达到2077 m^2。

1.4.1.3 场地、设备情况

除尘器前喇叭口与锅炉房之间没有扩建位置，后喇叭口与引风机之间也没有扩建位置，两侧有一定的扩建位置。引风机出口至烟囱有较大的可利用空间，可以采用拆除现有干式脱硫、除尘一体化设备和引风机，并重新建设电除尘器、引风机。

1.4.1.4 单室双电场改造方案描述

总体设想是拆除现有的干式脱硫、除尘一体化设备，以及引风机、除尘器间顶棚，在每台锅炉原位置分别重新建造一套静电除尘器；每台锅炉添加1台箱式输灰器，用于水力输灰，冲灰主要系统利用原有设备。

（1）建设主要内容。电除尘器基础、支架、底梁、灰斗、壳体、进出口喇叭、框架、极板、极线、振打装置、气流均布板等。

（2）电场尺寸。建设单室双电场除尘器，电场长度为8.24 m、宽度为6.4 m、高度为9 m。

（3）极距。除尘器电场极板极距为400 mm。

（4）电控系统。增设一、二电场整流变压器、高压控制柜。单台炉共布设2台电源，型号为0.4 A/66 kV；配备相关通讯、控制电缆。

（5）立柱。增设静电除尘器所需立柱。

（6）引风机房。拆除原有引风机，在除尘器后面重新布置新风机。

1.4.1.5 双室双电场改造方案描述

总体设想为拆除现有的干式脱硫、除尘一体化设备，以及引风机、除尘器间顶棚，在每两台锅炉尾部烟道之间重新建造一套双室双电场静电除尘器。在两个电场间增设隔板，相当于每台锅炉配备一台单室双电场除尘器。在每台除尘器最后一电场布置一台脉冲电源为两室末电场供电。当新热电厂建设完成后，可将最后一电场脉冲电源重新安装至新热电厂除尘器继续使用。

每台锅炉添加一台箱式输灰器，用于水力输灰；冲灰主要系统利用原有设备。对原有鼓风机位置进行调整。建设主要内容包括电除尘器基础、支架、底梁、灰斗、壳体、进出口喇叭、框架、极板、极线、振打装置、气流均布板等。

建设双室双电场除尘器，电场长度为8.24 m、宽度为12.8 m、高度为9 m，在两

室之间增设隔板。除尘器电场极板极距为400 mm。

电控系统要增设一、二电场整流变压器、高压控制柜。每台除尘器第一电场每室布置1台工频电源，型号为0.4 A/66 kV，每台除尘器共布设2台；第二电场布设1台脉冲电源为两室供电；配备相关通讯、控制电缆。

增设静电除尘器所需立柱。

拆除原有引风机，并在除尘器后面重新布置新风机。

每台锅炉添加一台箱式输灰器，用于水力输灰，冲灰主要系统利用原有设备。

1.4.1.6　改造后电除尘器主要设计参数

电除尘器增容改造后，主要技术参数表见表1.4所示。

表1.4　电除尘器主要设计参数表（单台除尘器）

序号	项目	单位	单室双电场	双室双电场
1	设计效率（设计煤种）	%	>92.5	>92.5
2	本体压力	Pa	<300	<300
3	本体漏风率	%	<2	<2
4	噪声	dB	<85	<85
5	有效断面积	m^2	57.6	57.6
6	室数/电场数	个	1/2	2/2
7	通道数	个	16	32
8	单个电场的有效长度	m	4.12	4.12
9	电场的总有效长度	m	8.24	8.24
10	比集尘面积	$m^2/(m^3\cdot s^{-1})$	42.2	42.2
11	驱进速度	cm/s	6.51	6.51
12	烟气流速	m/s	0.91	0.91
13	烟气停留时间	s	9.05	9.05
14	阳极系统			
	阳极板型号及材质		480C型/SPCC	480C型/SPCC
	同极间距	mm	400	400
	阳极板规格：高×宽×厚	m×mm×mm	9×480×1.5	9×480×1.5
	阳极板总有效面积	m^2	2211	4422

表 1.4（续）

序号	项目	单位	单室双电场	双室双电场
15	阴极系统			
	阴极线型号及材质		RSB/RSB-1/SPCC	RSB/RSB-1/SPCC
	沿气流方向阴极线间距	mm	500	500
	阴极线总长度	m	2377	4754
16	壳体设计压力			
	负压	kPa	8.7	8.7
	正压	kPa	8.7	8.7
17	壳体材质		Q235A	Q235A
18	灰斗			
	每台除尘器灰斗数量	个	2	4
19	整流变压器			
	数量	台	2	3
	每台整流变压器的额定容量	kVA	26.4	26.4/105
20	每台炉电气总负荷	kVA	53	30
21	每台炉总功耗	kW	37	21
22	除尘器本体外形尺寸	m	13.4×6.9×11	13.4×13.8×11

1.4.1.7 改造设备清单

除尘器建设设备清单见表1.5。

表 1.5　静电除尘器改造设备清单（4台炉）

序号	名称	单位	单室双电场	双室双电场
1	钢支架	套	4	4
2	阴阳极系统	套	4	4
3	振打装置	套	4	4
4	工频电源	台	8	4
5	脉冲电源	台	0	2

表1.5（续）

序号	名称	单位	单室双电场	双室双电场
6	高压控制柜	台	8	6
7	电缆	套	4	4
8	上位机系统升级	套	4	4
9	楼梯，平台和扶手	套	4	4
10	箱式输灰器	套	4	4

1.4.1.8　预期效果

电除尘器改造后，比集尘面积为42.40 $m^2/(m^3 \cdot s^{-1})$，驱进速度为6.54 cm/s，按此计算，除尘器效率为93.67%，烟尘排放浓度为126.6 mg/Nm^3，可以达到低于150 mg/Nm^3的要求。

由于除尘器后设置有湿法脱硫系统，脱硫系统本身也具有一定的除尘效率，本工程如果采用上述方案，并考虑湿法脱硫系统除尘效率，预计烟囱入口处烟尘排放浓度可以控制在80 mg/Nm^3以下。

1.4.2　水膜除尘器改造方案（方案二）

1.4.2.1　水膜除尘器介绍

含尘烟气由进口进入饱和室，与反射喷淋装置喷出的洗涤水雾充分混合，经文氏骤冷器冷凝凝并，烟气中的细微尘粒凝并成粗大的聚合体。在导向装置作用下，气流高速冲入水斗的洗涤液中，液面产生大量的泡沫，并形成水膜，使含尘烟气与洗涤液有充分时间相互作用。气液进一步混合，洗涤液捕捉烟气中的尘粒，并将其中有害的气体吸收中和，达到除尘效果。净化后的烟气经两级气液分离和旋风除雾除去水雾、经引风机进入脱硫塔。洗涤后的污水可以排入锅炉除渣机或直接排入循环水池。固体颗粒则随除渣机排出，并由其他装置清除。

1.4.2.2　场地、设备情况

除尘器前喇叭口与锅炉房之间没有扩建位置，后喇叭口与引风机之间也没有扩建位置，两侧有一定的扩建位置。引风机出口至烟囱有较大的利用空间，可以采用拆除现有干式脱硫、除尘一体化设备和引风机，并重新建设湿式除尘器、引风机。

1.4.2.3　水膜除尘器改造方案描述

总体设想是拆除现有的干式脱硫、除尘一体化设备和引风机，在每台锅炉原位置

分别重新建造一套湿式除尘器。每台锅炉添加一台用于水力输灰的箱式输灰器，冲灰主要系统利用原有设备。

建设主要内容有湿式除尘器基础、支架、底梁、灰斗、壳体、进出口喇叭、框架、气流均布板等。

电控系统包括增设两套料位控制系统，配备相关通讯、控制电缆。

增设静电除尘器所需立柱。

引风机房要拆除原有引风机，在除尘器后面重新布置新风机。

输灰系统主要是每台锅炉添加一台用于水力输灰的箱式输灰器，冲灰主要系统利用原有设备。

循环水系统主要是每两台除尘器之间建设一个循环水池，每台锅炉除尘器设置一台循环水泵。

污水排放系统主要是建设污水排放管道，将新建除尘器排放污水导入原有冲渣水渠中。

1.4.2.4 水膜除尘器主要设计参数

水膜除尘器主要设计参数表见表1.6所示。

表1.6 湿式除尘器主要设计参数表（单台炉）

序号	项目	单位	湿式除尘器
1	设计效率（设计煤种）	%	>92.5
2	本体压力	Pa	<1400
3	噪声	dB	<85
4	处理烟气量	m^3/h	188730
5	耗水量	m^3	18
6	废水排放量	m^3	2
7	每台锅炉总功耗	kW	7.5
8	除尘器本体外形尺寸	m×m×m	5×6.4×6.9
9	除尘器灰斗数量	个	2

1.4.2.5 改造设备清单

除尘器建设设备清单见表1.7。

表1.7　湿式除尘器改造设备清单（四台炉）

序号	设备（材料）名称	单位	数量	备注
1	湿式除尘器	台	4	
2	电控箱	台	2	含液位计
3	浮球开关	个	2	
4	管道泵	台	4	
5	补水箱	台	2	
6	浮球阀	台	2	
7	无缝钢管	m	130	
8	进出口烟道改造	台	4	

1.4.2.6　预期效果

湿式除尘器的设计除尘效率为95%，烟尘排放浓度为100 mg/Nm^3，满足低于150 mg/Nm^{3}的要求。

由于除尘器后设置有湿法脱硫系统，脱硫系统本身也具有一定的除尘效率，本工程如果采用上述方案，并考虑湿法脱硫系统除尘效率，预计烟囱入口处烟尘排放浓度可以控制在80 mg/Nm^{3}以下。

该过渡热源站除尘器入口粉尘浓度较低，易导致粉尘中细颗粒密度较高，湿式除尘器在实际运行中效率可能与设定效率有一定偏差。如果按照湿式除尘器效率为90%计算，除尘器出口烟尘排放浓度为200 mg/Nm^3，经过脱硫后，粉尘浓度约为100 mg/Nm^3，有可能达不到80 mg/Nm^{3}的现行环保标准。

1.4.3　布袋除尘器改造方案（方案三）

1.4.3.1　布袋除尘器介绍

布袋除尘器在有色冶金、建材、化工、食品加工等行业中已经得到了广泛的应用，它作为除尘设备已经有一个世纪的使用历史。

布袋除尘器主要由进气箱、出气箱、过滤室、净气室、滤袋、滤笼、灰斗、清灰系统、控制系统、支架和梯子等组成。

布袋除尘器的过滤室和净气室是其最重要的组成部分，一般是由钢板焊接而成的长方形钢结构件，过滤室和净气室由花板分开。滤袋是布袋除尘器的决定性部件，它的性能决定了除尘器的除尘效率和布袋的使用寿命。控制系统是除尘器的指挥系统，由供电柜、控制柜及线路组成，负责监测除尘器各部分的工作状况，并发出让各执行机构动作的各种指令。

1.4.3.2 方案概述

总体设想是拆除原有除尘器、引风机，新建布袋除尘器壳体，建设一个布袋除尘器。

主要建设内容包括除尘器基础、支架、底梁、灰斗、壳体、进出口喇叭、气流均布板等。

电控系统需要布置滤袋区及清灰系统，清灰系统采用低压型脉冲长袋技术，并配备相关通讯、控制电缆。

立柱部分将增设静电除尘器所需立柱。

引风机房内应拆除原有引风机，并在除尘器后面重新布置新风机。

输灰系统需要为每台锅炉添加一台箱式输灰器，用于水力输灰；冲灰主要系统利用原有设备。

1.4.3.3 主要改造内容

（1）布袋区。布袋除尘区选用低压长袋技术，考虑袋区在线检修功能，单台炉布袋除尘区划分多个分室结构。布袋除尘区清灰系统选用大规格电磁脉冲阀，使袋区设备布置合理紧凑。在布袋位置之前安装气流导向和均布装置，减少由烟气带来的布袋袋束冲刷。在布袋柱顶位置安装布袋除尘器的净气室和含尘气室的隔板，并在隔板上安装花板，以便安装滤袋。

（2）不设置旁路烟道。为简化结构，并减少除尘器系统漏风，不设置旁路烟道。

（3）安装粉尘预涂装置。在每个单台除尘器的入口管段安装粉尘预涂装置，在油点炉或油煤混烧时，对除尘器进行粉尘预涂，防止发生油污糊袋现象。

（4）滤料选择。由于锅炉排烟温度极限值为190 ℃，从安全性角度考虑，推荐滤料采用PPS+P84基布。滤袋为同心圆外滤式，滤料选用进口材料，滤袋使用寿命不小于25000 h。

（5）清灰工艺。布袋采用旋转脉冲清灰。有行脉冲清灰和旋转脉冲清灰两种工艺方案。这两种方式都能满足除尘器稳定运行需要。以下就两种清灰方式进行对比分析。

① 行脉冲清灰。滤袋按行规则排列设计，每个滤袋均有对应的喷吹口，清灰压力较高（0.2 ~ 0.3 MPa）。当启动清灰程序时，每个脉冲阀按照设定的顺序通过一行行固定的喷吹管对各行所有滤袋进行依次清灰，每个滤袋的清灰条件相同。其清灰的部件包括气源、气包、电磁阀、脉冲阀、喷吹管、喷嘴和喷射器。这种清灰方式清灰彻

底，没有死角。行喷吹气源采用压缩空气。行脉冲喷吹清灰以强劲、高效、彻底的性能成为主流技术。滤袋区采用脉冲喷吹结构，滤袋按照行列矩阵布置，前后左右滤袋之间间隔均匀，有效地保证了滤袋两区之间气流衔接与分布均衡，使滤袋综合性能最优。行脉冲清灰有利于滤袋复合除尘器内部的气流均匀分布，可以有效地避免滤袋的不均匀破损。

② 旋转脉冲清灰。每个过滤单元（束或分室）配制一个大口径（10英寸）的脉冲阀和多臂旋转机构，脉冲喷吹清灰压力为0.085 MPa，滤袋为椭圆形，按照同心圆方式布置。一般清灰结构按照固定速度旋转，转臂位置与清灰控制无关联，当脉冲阀动作时，无法保证转臂喷吹口与滤袋口对应，时有出现清灰气流喷于花板，或一部分滤袋永远未受到清灰。旋转脉冲清灰气源采用罗茨鼓风机。

旋转脉冲清灰是结合了脉冲和低压反吹风两种技术形成的一种清灰方式，源自德国鲁奇，在我国中小型机组燃煤电力有较多应用。这种清灰压力低，并采用“模糊清灰”，即清灰时旋转转臂喷吹口与滤袋口之间的位置未一一对应，清灰力弱，但清灰系统简单、电磁阀少、检修方便。

综上所述，结合本工程锅炉容量小、空压机布置场地紧张等特点，推荐采用旋转清灰工艺；电磁脉冲阀是脉冲清灰动力元件，选用隔膜式；电磁脉冲阀选用进口设备；清灰系统使用原装进口的电磁脉冲阀，保证使用寿命5年（100万次），脉冲阀的结构要适应当地严寒气候，不因冰冻影响脉冲阀动作灵敏性；安装脉冲阀的容器必须用直径370 mm以上的无缝钢管进行加工，以保证脉冲瞬间工作需要的容积，同时强度符合《钢制压力容器》（GB 150—1998）。

（6）清灰采用的气源。袋式除尘器脉冲喷吹清灰的气源由罗茨鼓风机供气，罗茨鼓风机设置在除尘器下部地平面，2用1备，产生0.085 MPa的喷吹气源，并经由空气管道输送到位于除尘器顶部的4个储气罐中，储气罐与架设在花板上方的旋转清灰管道连通，形成一个独立的清灰系统。设置3台30 kW的罗茨鼓风机供1 ~ 4号锅炉布袋除尘器使用，2用1备。罗茨鼓风机设置在引风机房空余场地。

1.4.3.4　主要设计参数

为保证布袋除尘器有足够的除尘效率，除尘器的袋区空间必须能够保证袋区在选取的过滤风速下有足够的过滤面积。袋除尘区选择0.95 m/min的过滤风速，除尘器实现出口排放浓度不大于80 mg/Nm^3、本体压力不大于1300 Pa、滤袋设计寿命4年以上的性能指标。

本项目的设计指标见表1.8所示。

表 1.8　布袋除尘器布袋区域主要设计参数表

序号	项目	单位	指标
1	袋区长度	m	13
2	袋区宽度	m	6.7
3	过滤面积	m^2	3312
4	滤袋规格	mm	130×8000
5	每条滤袋过滤面积	m^2	3.25
6	滤袋边缘间隔	mm	60
7	所需滤袋数	条	1020
8	可装滤袋数	条	1320
9	壳体设计压力		
	负压	kPa	8.7
	正压	kPa	8.7
10	壳体材质		Q235A
11	除尘器本体外形尺寸	m	13.1×6.9×11
12	除尘器灰斗数量	个	3

1.4.3.5　改造设备清单

除尘器建设设备清单见表 1.9。

表 1.9　布袋除尘器改造设备清单（4 台炉）

序号	名称	性能参数	单位	4 台锅炉
1	布袋除尘器			
1.1	钢支架		套	4
1.2	电缆		套	4
1.3	上位机系统升级		套	4
1.4	箱式输灰器			4
1.5	滤袋	PPS+P84 基布，Φ130×8000	条	4080
1.6	袋笼	有机硅喷涂，Φ125×7950	个	4080

表1.9（续）

序号	名称	性能参数	单位	4台锅炉
1.7	电磁脉冲阀	进口淹没式，10英寸	个	24
1.8	花板		t	120
1.9	顶板和走台		t	120
1.10	预涂灰装置		台	4
1.11	保温材料		套	4
1.12	喷吹系统		台	4
1.13	罗茨鼓风机	40 kW	台	4（3运1备）
1.14	储气罐		个	24
1.15	仓泵	2.5 m^3	台	4
1.16	仓泵	1.0 m^3	台	8
1.17	灰库	250 m^3	座	1
2	控制和电气系统			
2.1	PLC控制柜		套	4
2.2	低压控制柜		套	4
2.3	UPS		套	4
2.4	测温传感器	按需要设置	台	0
2.5	压力传感器	按需要设置	台	0
2.6	电缆和电缆桥架		套	8
2.7	1 kV交联聚乙烯电缆	铜芯	km	4
2.8	检修、照明箱		套	4

1.4.3.6　预期效果

除尘器改造后可以达到低于150 mg/Nm^3的要求。

由于除尘器后设置有湿法脱硫系统，脱硫系统本身也具有一定的除尘效率，本工程如果采用上述方案，并考虑湿法脱硫系统除尘效率，预计烟囱入口处烟尘排放浓度可以控制在80 mg/Nm^3以下。

1.4.4 电袋除尘器改造方案（方案四）

1.4.4.1 电袋除尘器介绍

（1）电袋复合式除尘器的工作原理。电除尘区在烟气中起到预除尘及荷电功能，对改善进入袋区的粉尘状况起到重要作用。通过预除尘可以降低滤袋烟尘浓度，降低滤袋阻力上升率，延长滤袋清灰周期，避免粗颗粒冲刷、分级烟灰等，最终达到节能及延长滤袋寿命的目的；通过荷电作用可使大部分带有相同极性的粉尘相互排斥，少数不同荷电粉尘由细颗粒凝并成大颗粒，使沉积到滤袋表面的粉尘颗粒之间有序排列，形成的粉尘层透气性好、空隙率高、剥落性好。所以，电袋复合式除尘器利用荷电效应减少除尘器的阻力，提高清灰效率，提高设备的整体性能。在电袋复合除尘器中，烟气从进口喇叭进入前级电除尘区，烟尘在电场电晕电流作用下荷电，大部分被电场收集下来，少量已荷电未被捕集的粉尘随着烟气均匀缓慢地进入后级布袋除尘区，被滤袋过滤后，达到净化目的。在除尘机理中，电除尘区在电袋复合技术原理中起到两个重要作用。① 根据多依奇公式，电除尘第一电场具有除尘效率最高的特点，其效率达80%以上。当大量烟尘被电场收集后，烟气进入布袋除尘区时，含尘浓度只有20%以下，颗粒粒径小。除尘作用改善了滤袋工作条件，从而降低了滤袋阻力，延长了清灰周期和滤袋寿命。实际工程应用中，电场启停明显影响运行阻力变化。② 电场在电离时，同时产生大量的负离子和少量的正离子。负离子荷电在粉尘之间引起相互排斥，粉尘在滤袋表面堆积规则有序、结构“蓬松”；另一部分正离子荷电粉尘与负离子荷电粉尘之间相互吸引、凝并，加大了粒径。粉尘在两种极性荷电作用下，提高了粉层透气性、清灰效率及微细粒子（小于PM10）捕集效率，并防止了细粉层堵塞滤孔，使滤袋具有高效、低阻功效。

（2）电袋复合式除尘器的优势。目前，国内电袋复合式除尘器已成为主流。布袋除尘器虽然可以达到与电袋相同的排放效果，但其运行阻力、功耗、滤袋寿命方面都存在问题。采用电袋除尘器，在阻力、滤袋破损率（清灰周期较长）、滤袋更换费用、改造一次性投资等方面，均比采用布袋除尘器有优势。电袋除尘技术的主要选型参数是处理烟气量和温度，一般情况下，燃煤锅炉的烟气性质相似，主要不同点在于烟气量大小，大小机组除尘器仅仅是横向列室的布置数量不同，所以本项目应用电袋复合式除尘器不存在技术风险。电袋复合式除尘器在国内已取得了丰富的运行经验，应用取得了比较好的效果，烟尘排放浓度可以稳定在30 mg/Nm^{3}以下，除尘器压力在800 Pa以下。在电气控制上，电袋复合式除尘器一电场采用高压控制柜和变压器，后级整体布袋区各室采用PLC控制，最后集中在上位机进行整体控制，电气控制技术很成熟。

1.4.4.2　方案概述

总体设想为拆除原有除尘器、引风机；新建电袋除尘器壳体，建设1个电场1布结构的布袋除尘器；采用整体式电袋结构。

建设主要内容有电除尘器基础、支架、底梁、灰斗、壳体、进出口喇叭、框架、极板、极线、振打装置、气流均布板等。

建设1电1布电袋除尘器，电场长度为4.12 m、宽度为6.4 m、高度为9 m。

除尘器电场极板极距为400 mm。

电控系统要增设电场整流变压器、高压控制柜；单台炉共布设1台电源，型号为0.4 A/66 kV；布置滤袋区及清灰系统，清灰系统采用低压行脉冲长袋技术；配备相关通讯、控制电缆。

增设静电除尘器所需立柱。

引风机房主要是拆除原有引风机，并在除尘器后重新布置新风机。

输灰系统主要是每台锅炉添加一台箱式输灰器，用于水力输灰；冲灰主要系统利用原有设备。

1.4.4.3　主要改造内容

（1）电除尘区部分。检修进口喇叭气流分布装置，做必要的修复或更新，防止内部结构受高硅分飞灰磨损。新建一电一布除尘器壳体、框架、支架等。

（2）袋式除尘区部分。布袋除尘区选用低压长袋技术，考虑袋区在线检修功能，单台炉布袋除尘区划分多个分室结构；布袋除尘区清灰系统选用大规格电磁脉冲阀，使袋区设备布置合理紧凑；在电、袋位置之间安装气流导向和均布装置，减少由烟气带来的布袋袋束冲刷；在布袋柱顶位置安装布袋除尘器的净气室和含尘气室的隔板，并在隔板上安装花板，以便安装滤袋。

（3）不设置旁路烟道。为简化结构，减少除尘器系统漏风，不设置旁路烟道。

（4）安装粉尘预涂装置。在每单台除尘器的入口管段安装粉尘预涂装置，在油点炉或油煤混烧时，对除尘器进行粉尘预涂，防止发生油污糊袋现象。

（5）滤料选择。由于锅炉排烟温度极限值为190 ℃，从安全性角度考虑，推荐滤料采用PPS+P84基布。滤袋为同心圆外滤式，滤料选用进口材料，滤袋使用寿命不小于25000 h。

（6）清灰工艺。布袋采用旋转脉冲清灰。有行脉冲清灰和旋转脉冲清灰两种工艺方案。这两种方式都能满足除尘器稳定运行的需要。以下就两种清灰方式进行对比分析。

① 行脉冲清灰。滤袋按照行规则排列设计，每个滤袋均有对应的喷吹口，清灰压力较高（0.2 ~ 0.3 MPa），当启动清灰程序时，每个脉冲阀按照设定的顺序通过一行行

固定的喷吹管对各行所有滤袋进行依次清灰，每个滤袋的清灰条件相同。其清灰的部件包括气源、气包、电磁阀、脉冲阀、喷吹管、喷嘴和喷射器。这种清灰方式清灰彻底，没有死角。行喷吹气源采用压缩空气。行脉冲喷吹清灰以强劲、高效、彻底的性能成为主流技术。滤袋区采用脉冲喷吹结构，滤袋按照行列矩阵布置，前后左右滤袋之间间隔均匀，有效地保证了滤袋两区之间气流衔接与分布均衡，使滤袋综合性能最优。行脉冲清灰有利于滤袋复合除尘器内部的气流均匀分布，可以有效地避免滤袋的不均匀破损。

② 旋转脉冲清灰。每个过滤单元（束或分室）配制一个大口径（10英寸）的脉冲阀和多臂旋转机构，脉冲喷吹清灰压力为0.085 MPa，滤袋为椭圆形，按照同心圆方式布置。一般清灰结构按照固定速度旋转，转臂位置与清灰控制无关联，当脉冲阀动作时，无法保证转臂喷吹口与滤袋口对应，时有出现清灰气流喷于花板，或一部分滤袋永远未受到清灰。旋转脉冲清灰气源采用罗茨鼓风机。

旋转脉冲清灰是结合了脉冲和低压反吹风两种技术形成的一种清灰方式，源自德国鲁奇，在我国中小型机组燃煤电力业有较多应用。这种清灰压力低，并采用“模糊清灰”，即清灰时旋转转臂喷吹口与滤袋口之间的位置未一一对应，清灰力弱，但清灰系统简单、电磁阀少、检修方便。

综上所述，结合本工程锅炉容量小、空压机布置场地紧张等特点，推荐采用旋转清灰工艺；电磁脉冲阀是脉冲清灰动力元件，选用隔膜式；电磁脉冲阀选用进口设备；清灰系统使用原装进口的电磁脉冲阀，保证使用寿命5年（100万次），脉冲阀的结构要适应当地严寒气候，不因冰冻影响脉冲阀动作灵敏性；安装脉冲阀的容器必须用直径370 mm以上的无缝钢管进行加工，以保证脉冲瞬间工作需要的容积，同时强度符合《钢制压力容器》(GB 150—1998)。

（7）电除尘器高压电源部分。布置工频电源为静电区供电。

（8）清灰采用的气源。袋式除尘器脉冲喷吹清灰的气源由罗茨鼓风机供气，罗茨鼓风机设置在除尘器下部地平面，2用1备，产生0.085 MPa的喷吹气源，并经由空气管道输送到位于除尘器顶部的4个储气罐中，储气罐与架设在花板上方的旋转清灰管道连通，形成一个独立的清灰系统；设置3台30 kW的罗茨鼓风机供1～4号锅炉电袋除尘器使用，2用1备。罗茨鼓风机设置在引风机房空余场地。

1.4.4.4 主要设计参数

为保证电袋除尘器有足够的除尘效率，除尘器的袋区空间必须能够保证袋区在选取的过滤风速下有足够的过滤面积。袋除尘区选择1.15 m/min的过滤风速，除尘器实现出口排放浓度不大于30 mg/Nm^3、本体压力不大于800 Pa。

按照1电1布设计，本项目袋区的设计指标见表1.10所示。

表1.10　电袋除尘器布袋区域主要设计参数表

序号	项目	单位	指标
1	静电区		
1.1	通道数	个	16
1.2	单个电场的有效长度	m	4.12
1.3	电场的总有效长度	m	12.365
1.4	比集尘面积	$m^2/(m^3 \cdot s^{-1})$	21.1
1.5	驱进速度	cm/s	6.51
1.6	阳极系统		
	阳极板型号及材质		480C型/SPCC
	同极间距	mm	400
	阳极板规格：高×宽×厚	m×mm×mm	9×480×1.5
	阳极板总有效面积	m^2	1106
1.7	阴极系统		
	阴极线型号及材质		RSB/RSB-1/SPCC
	沿气流方向阴极线间距	mm	500
	阴极线总长度	m	1188
1.8	壳体设计压力		
	负压	kPa	8.7
	正压	kPa	8.7
1.9	壳体材质		Q235A
1.10	灰斗		
	每台除尘器灰斗数量	个	3
1.11	整流变压器		
	数量	台	1
	整流变压器型式/重量	/t	油浸式/1.5
	每台整流变压器的额定容量	kVA	26.4
1.12	每台炉电气总负荷	kVA	26.4
1.13	每台炉总功耗	kW	18.5

表1.10（续）

序号	项目	单位	指标
1.14	除尘器本体外形尺寸	m×m×m	13.1×6.9×11
1.15	除尘器灰斗数量	个	3
2	袋区		
2.1	袋区长度	m	9.8
2.2	袋区宽度	m	6.7
2.3	过滤面积	m^2	2562
2.4	滤袋规格	mm	130×8000
2.5	每条滤袋过滤面积	m^2	3.25
2.6	滤袋边缘间隔	mm	60
2.7	所需滤袋数	条	850
2.8	可装滤袋数	个	1000
2.9	箱式输灰器	个	1

方案上建设静电除尘器第一电场阴阳极及高低压设备，在其后面空间布置滤袋区及清灰系统，清灰系统采用低压行脉冲长袋技术。

1.4.4.5 改造设备清单

除尘器建设设备清单见表1.11。

表1.11 电袋除尘器改造设备清单（4台炉）

序号	名称	性能参数	单位	4台锅炉
1	电袋除尘器			
1.1	钢支架		套	4
1.2	阴阳极系统		套	4
1.3	振打装置		套	4
1.4	工频电源		台	12
1.5	高压控制柜		台	12
1.6	电缆		套	4
1.7	上位机系统升级		套	4

表1.11（续）

序号	名称	性能参数	单位	4台锅炉
1.8	箱式输灰器			4
1.9	滤袋	PPS+P84基布，Φ130×8000	条	3360
1.10	袋笼	有机硅喷涂，Φ125×7950	个	3360
1.11	电磁脉冲阀	进口淹没式，10英寸	个	16
1.12	花板		t	80
1.13	顶板和走台		t	80
1.14	预涂灰装置		台	4
1.15	保温材料		套	4
1.16	喷吹系统		台	4
1.17	罗茨鼓风机	40 kW	台	3（2运1备）
1.18	储气罐		个	16
1.19	仓泵	2.5 m^3	台	4
1.20	仓泵	1.0 m^3	台	8
1.21	灰库	250 m^3	座	1
2	控制和电气系统			
2.1	PLC控制柜		套	4
2.2	低压控制柜		套	4
2.3	UPS		套	4
2.4	测温传感器	按需要设置	台	0
2.5	压力传感器	按需要设置	台	0
2.6	电缆和电缆桥架		套	8
2.7	1 kV交联聚乙烯电缆	铜芯	km	4
2.8	检修/照明箱		套	4

1.4.4.6　预期效果

除尘器改造后，可以达到低于150 mg/Nm^3的要求。

由于除尘器后面设置有湿法脱硫系统，脱硫系统本身也具有一定的除尘效率，本工程如果采用上述方案，并考虑湿法脱硫系统除尘效率，预计烟囱入口处烟尘排放浓度可以控制在80 mg/Nm³以下。

1.4.5 修复陶瓷管改造方案（方案五）

1.4.5.1 方案概述

由于热源站内现有除尘设备老旧，在运行时已经达不到设计效率。因此，考虑对陶瓷管除尘器进行修复，提高其除尘效率。

1.4.5.2 改造方案描述

总体设想：对现有的干法脱硫、除尘一体化设备进行大修作业，更换陶瓷管除尘器内主要原件，提高其除尘效率。

主要建设内容：更换陶瓷管等。

经过计算，对陶瓷管进行修复后，除尘效果仍难以达到技术要求。

1.4.5.3 预期效果

除尘器改造后，可以达到低于150 mg/Nm³的要求。

由于除尘器后面设置有湿法脱硫系统，脱硫系统本身也具有一定的除尘效率，本工程如果采用上述方案，并考虑湿法脱硫系统除尘效率，预计烟囱入口处烟尘排放浓度可以控制在80 mg/Nm³以下。

如果仅对陶瓷管除尘器大修，完成后，除尘器效率约为60%，烟尘排放浓度为800 mg/Nm³，达不到低于150 mg/Nm³的要求。

1.5 引风机参数要求

根据引风机铭牌可知现有系统总压力为3500 Pa，除尘器改造导致锅炉烟气系统压力增大，这就需要引风机有足够的压头来克服压力。

静电除尘器改造方案（方案一）除尘改造降低压力为200 Pa；湿式除尘器改造方案（方案二）除尘改造增加压力为1000 Pa；布袋除尘器改造方案（方案三）除尘改造增加压力为800 Pa；电袋除尘器改造方案（方案四）除尘改造增加压力300 Pa，脱硫系统新增压力为1200 Pa。

1.6 电气部分

1.6.1 主要设计原则

除尘器、脱硫部分用电系统采用6.3 kV和0.4 kV两级电压。

低压变压器和容量不小于200 kW的电动机负荷由6.3 kV母线供电，容量小于200 kW的电动机、照明和检修等低压负荷由0.4 kV母线供电。

1.6.2　电气负荷变化

除尘器除尘段改造后主要用电负荷见表1.12所示。

表1.12　除尘器除尘段改造后技术参数

序号	名称	额定/kW	连接台数/台	工作台数/台	系数	负荷/kVA	合计
方案一	电源	26.4	8	8	0.85	248.5	248.5
方案一*	电源	26.4	4	4		124.2	136.0
	电源	5	2	2		11.8	
方案二	水泵	7.5	4	4		35.3	35.3
方案三	罗茨鼓风机	30	4	3		105.9	105.9
方案四	电源	26.4	4	4		124.2	194.8
	罗茨鼓风机	30	3	2		70.6	

注：“*”为双室双电场方案。

1.7　改造前后环境效益

将该过渡热源站4台80 t/h锅炉现有的干式脱硫、除尘一体化设备改造为全新除尘器后，改造前后锅炉的烟尘排放情况见表1.13。

表1.13　改造前后污染物排放情况

类别	序号	项目	单位	4台炉		
				改造前	改造后	改造前后量差
烟气量	1	烟气量	Nm^3/h	400000	400000	0
粉尘	2	排放浓度	mg/Nm^3	834	80	−754
	3	小时排放量	kg/h	333.6	32	−301.6
	4	年排放量	t/a	667.2	64	−603.2

注：锅炉运行小时数按照2000 h计算。

由表1.13可知，1～4号炉改造后，烟尘排放浓度不仅可以满足《锅炉大气污染物排放标准》（GB 13271—2014）的要求，而且污染物排放量也随之减少。改造前锅炉烟尘年排放量为667.2 t，改造后锅炉烟尘年排放量为64.0 t，锅炉每年可减少烟尘排放量约603.2 t。因此，除尘器改造后可以很好地改善热源站周围的大气环境，有利于对全厂污染物排放总量的控制。

1.8 工程投资概算

1.8.1 工程规模

本工程为4×80 t/h锅炉电除尘器、脱硫和风机改造工程，进行方案筛选后，除尘拟订四个改造方案。

1.8.2 工程投资估算

新建双电场静电除尘器、湿式除尘器、布袋除尘器、电袋除尘器，四个方案的投资概算如下（4台炉）。

（1）采用单室双电场改造方案时。工程静态投资为1131万元，单位投资为3.5万元/吨，建设期贷款利息为31万元；工程动态投资为1162万元，单位投资为3.6万元/吨。工程静态投资中，建筑工程费为64万元，占静态投资的5.66%；设备购置费为671万元，占静态投资的59.33%；安装工程费为180万元，占静态投资的15.91%；其他费用为216万元，占静态投资的19.10%。采用双室双电场改造方案时，工程静态投资为1309万元，单位投资为4.1万元/吨，建设期贷款利息为36万元；工程动态投资为1345万元，单位投资为4.2万元/吨。工程静态投资中，建筑工程费为64万元，占静态投资的4.89%；设备购置费为872万元，占静态投资的66.61%；安装工程费为150万元，占静态投资的11.46%；其他费用为223万元，占静态投资的17.04%。

（2）采用湿式除尘器改造方案。工程静态投资为371万元，单位投资为1.2万元/吨，建设期贷款利息为10万元；工程动态投资为381万元，单位投资为1.2万元/吨。工程静态投资中，建筑工程费为18万元，占静态投资的4.85%；设备购置费为198万元，占静态投资的53.37%；安装工程费为25万元，占静态投资的6.74%；其他费用为130万元，占静态投资的35.04%。

（3）采用布袋改造方案。工程静态投资为1455万元，单位投资为4.5万元/吨，建设期贷款利息为40万元；工程动态投资为1495万元，单位投资为4.7万元/吨。工程静态投资中，建筑工程费为64万元，占静态投资的4.40%；设备购置费为875万元，占静态投资的60.13%；安装工程费为302万元，占静态投资的20.76%；其他费用为214万元，占静态投资的14.71%。

（4）采用电袋改造方案。工程静态投资为1824万元，单位投资为5.7万元/吨，建设期贷款利息为50万元；工程动态投资为1874万元，单位投资为5.9万元/吨。工程静态投资中，建筑工程费为64万元，占静态投资的3.51%；设备购置费为1154万元，占静态投资的63.26%；安装工程费为368万元，占静态投资的20.18%；其他费用为238万元，占静态投资的13.05%。

1.8.3　效益分析

1.8.3.1　经济效益分析

由于本工程为环保工程，没有收入，因此无直接的经济效益，本工程的经济评价省略。

1.8.3.2　社会效益分析

实施本工程，确保粉尘排放小于80 mg/Nm^3、二氧化硫排放小于150 mg/Nm^3，实现了达标排放，对改善大气环境起到了良好的作用；按照设计煤质，锅炉每年可减少烟尘排放量约为603.2 t，环境效益明显。

1.8.4　运行成本

选取不同改造方式产生的运行成本不同。按照锅炉满负荷运行进行估算，全年运行2000 h、二氧化硫排污费为1.2元/千克、粉尘排污费为0.6元/千克计算，具体运行成本见表1.14。

表1.14　4台炉除尘运行成本一览表

序号	除尘	电耗/kW	单价/元	年成本/万元
1	静电	248.5	0.38	18.9
2	静电*	136	0.38	10.3
3	湿式	35.3	0.38	2.7
4	布袋	105.9	0.38	8.0
5	电袋	194.8	0.38	14.8

注："*"为双室双电场方案。

1.9　结论

（1）本工程以2 g/Nm^3的烟尘排放浓度、1000 mg/Nm^3的二氧化硫排放浓度作为除尘器、脱硫改造设计基准，按照业主要求，拟订除尘改造方案如下。方案一：新建双电场静电除尘器；方案二：新建湿式除尘器；方案三：新建布袋除尘器；方案四：新建电袋除尘器；方案五：修复原有陶瓷管除尘器。除修复陶瓷管除尘器方案外，在设计工况下运行，均可实现除尘器出口烟尘浓度小于150 mg/Nm^3的控制目标。

（2）本工程拟订方案各有所长，除尘改造工程方案优选为：① 技术指标与业绩：静电除尘器改造方案最优。② 达标排放稳定性：布袋、电袋除尘器改造方案最优。③ 一次投资：湿式除尘器改造方案最优。④ 改造范围：湿式除尘器改造方案最优。⑤ 运行成本：静电除尘器改造方案最优。

考虑到稳定排放、运行成本等原因，推荐采取静电除尘器改造方案。

考虑到一次投资、改造范围等原因，推荐采取湿式除尘器改造方案。

案例2

300 MW燃煤锅炉高粉尘浓度除尘器改造案例

2.1 概况

2.1.1 工程概况

2.1.1.1 锅炉概况

某电厂2×300 MW机组燃煤锅炉系上海锅炉厂有限公司生产的单炉膛平衡通风、中间一次再热、亚临界参数、自然循环汽包锅炉。锅炉设计为通化地区劣质烟煤，锅炉燃烧制粉系统采用钢球磨中间储仓式热风送粉系统，四角切圆燃烧方式。锅炉采用露天布置，固态连续排渣。

2.1.1.2 除尘器概况

现有除尘器的主要设计参数：2号锅炉配两台双室五电场除尘器，除尘器入口设计烟气量为1628845 m^3/h，单台除尘器流通面积为313.6 m^2，设计比集尘面积为129.29 $m^2/(m^3 \cdot s^{-1})$，入口烟尘浓度为44.2 g/Nm^3，设计的除尘器保证效率99.9%。

在改造前，对电除尘器开展性能测试。在当前锅炉最大负荷下，2号锅炉电除尘器主要性能指标试验结果见表2.1。

表2.1　2号锅炉电除尘器主要性能指标试验结果（260 MW）

序号	项目	单位	设计煤种	校核煤种
1	烟气温度（除尘器入口）	℃	132	130
2	O_2（除尘器入口）含量	%	5.4	5.9
3	除尘器入口烟气量（工况）	m^3/h	1975000	1944000
4	除尘器入口烟气量（标干态）	Nm^3/h	1154000	1144000
5	除尘器入口烟尘浓度	g/Nm^3	56.6	62.8
6	除尘器出口烟尘浓度	mg/Nm^3	200.4	205.3
7	除尘器效率	%	99.65	99.67

试验结果表明：① 除尘效率低于设计保证值。② 电除尘器出口烟尘排放浓度高。试验工况下，实测2号除尘器出口平均排放浓度为200.4 mg/Nm^3（设计煤种）、205.3 mg/Nm^3（校核煤种），烟气经脱硫塔后仍大于允许的烟尘排放浓度为30 mg/Nm^3，不能满足国家环保标准。③ 2号锅炉除尘器入口总烟气量为1975000 m^3/h（设计煤种）、1944000 m^3/h（校核煤种），高于设计的烟气量为1628845 m^3/h（设计煤种）。④ 2号锅炉除尘器入口烟气温度最高为132 ℃（设计煤种）、130 ℃（校核煤种），与设计的烟气温度（134 ℃）相近。

2.1.2 除尘器改造的必要性

除尘器改造是满足国家新的环保排放标准的要求。

电除尘器因煤种变化使入口烟温高于设计值、工况烟气量增加，导致除尘器比集尘面积变小、除尘效率下降。

综上所述，该燃煤电厂除尘器改造工程是十分必要的。通过除尘器改造，可以保证设备的安全稳定运行，保证脱硫系统高效和可靠运行，从而实现节约能源、改善城市环境的目的。

2.1.3 主要技术原则

（1）本工程为环保工程改造项目。

（2）改造后，烟尘排放浓度满足国家环保标准。本次改造后的除尘器出口烟尘浓度应在45 mg/Nm^3（$\alpha = 1.4$）以下。

（3）在锅炉B检45 d内，完成电除尘器主体改造工程。

（4）为节约资金和缩短工期，在满足技术要求的前提下，尽可能利用现有电除尘器的材料和电除尘器基础。

（5）除尘器本体和前后烟道利用原有支架。

（6）采用先进的除尘器控制系统，除尘器的运行实行微机闭环自动控制。

（7）利用现有电控室。

（8）环境保护、职业安全和工业卫生、防火和消防均应符合国家相关标准。

2.2 主要设备设计参数

2.2.1 锅炉设计参数

该电厂2×300 MW机组工程锅炉为上海锅炉厂有限公司生产的1025 t/h型亚临界、自然循环、中间一次再热、单炉膛、平衡通风、固态排渣、紧身封闭锅炉，燃用煤种为通化地区劣质烟煤。

2台机组主要技术规范见表2.2所示。

表2.2　锅炉主要技术规范

序号	项目名称	单位	数据
1	锅炉型号		SG-1025/17.5-M×××
2	锅炉最大连续蒸发量（BMCR）	t/h	1025
3	过热器出口蒸汽压力	MPa	17.5
4	过热器出口蒸汽温度	℃	541
5	再热蒸汽流量	t/h	839.6
6	再热器进口蒸汽压力	MPa	3.82
7	再热器出口蒸汽压力	MPa	3.64
8	再热器进口蒸汽温度	℃	326
9	再热器出口蒸汽温度	℃	541
10	省煤器进口给水温度	℃	278.6
11	空气预热器出口热一次风温度	℃	346
12	空气预热器出口热二次风温度	℃	354
13	炉膛出口过剩空气系数	α	1.25
14	空气预热器出口烟气修正前温度	℃	134
15	空气预热器出口烟气修正后温度	℃	128
16	空气预热器入口冷一次风温度	℃	26
17	空气预热器入口冷二次风温度	℃	23

2.2.2　引风机规范

该公司因进行脱硝改造工程已经对1号锅炉引风机、增压风机进行了增引合一改造，改造后的吸风机型号为SAF25.5-16-2，设计参数见表2.3。

表2.3　1号炉吸风机技术数据

项　目	单位	TB	BMCR
进口温度	℃	140	135
进口密度	kg/m^3	0.80	0.81
进口流量	m^3/s	300	280

表2.3（续）

项　目	单位	TB	BMCR
风机总压升	Pa	8600	8122
风机总效率	%	87.5	88.9
电机参数			
功　率	kW	3200	
功率因数		—	
电　压	V	6000	
电　流	A	—	
转　速	r/min	990	

2号锅炉配备由成都电力机械厂生产的型号为N28e6（V19+40）型静叶调节轴流式吸风机，吸风机的参数见表2.4所示。

表2.4　2号炉吸风机主要设计参数

项　目	单位	TB	BMCR
进口温度	℃	140.7	130.7
进口密度	kg/m^3	0.814	0.826
进口流量	m^3/s	294	252
风机总压升	Pa	4659	3727
风机总效率	%	83.6	85.6
电机参数			
功　率	kW	1800	
功率因数		0.86	
电　压	V	6000	
电　流	A	221	
转　速	r/min	745	

2.2.3　燃料、飞灰成分分析

2.2.3.1　煤质及飞灰数据

该电除尘器改造设计煤种、改造校核煤种（现长期燃用的劣质煤种）分析结果见表2.5所示。

表2.5　煤质分析

类别	名称	符号	单位	改造设计煤种	改造校核煤种
工业分析	收到基全水分	Mar	%	16.8	15.3
	空气干燥基水分	Mad	%	4.27	4.65
	收到基灰分	Aar	%	33.01	36.23
	干燥无灰基挥发分	Vdaf	%	45.06	43.26
	收到基低位发热量	Qnet.ar	J/g	14422	13886
	收到基高位发热量	Qgr.ar	J/g	15344	14740
元素分析	收到基碳	Car	%	37.88	36.25
	收到基氢	Har	%	2.60	2.43
	收到基氧	Oar	%	8.55	8.49
	收到基氮	Nar	%	0.75	0.73
	收到基硫	Sar	%	0.41	0.57

测试期间，在静电除尘器第一电场采集了飞灰样品，并进行了分析，包括其矿物组成成分、比电阻分析、粒度分析、密度及安息角分析，结果见表2.6至表2.8。

表2.6　飞灰成分分析表

序号	项目		单位	改造设计煤种	改造校核煤种
1	氧化钠	Na_2O	%	4.91	2.36
2	氧化镁	MgO	%	2.14	3.31
3	氧化铝	Al_2O_3	%	14.9	15.38
4	二氧化硅	SiO_2	%	45.76	46.63
5	五氧化二磷	P_2O_5	%	0.48	0.49
6	三氧化硫	SO_3	%	3.80	3.81
7	氧化钾	K_2O	%	1.33	1.36
8	氧化钙	CaO	%	20.54	20.59
9	氧化铁	Fe_2O_3	%	5.17	5.13
10	氧化钛	TiO_2	%	0.62	0.58
11	二氧化锰	MnO_2	%	0.35	0.36

表 2.7　飞灰比电阻分析表

序号	测试温度/℃	改造设计煤种	改造校核煤种
1	11	9.17×10^{8}	2.50×10^{8}
2	80	5.94×10^{11}	7.87×10^{11}
3	100	5.48×10^{12}	4.65×10^{12}
4	120	6.54×10^{12}	8.47×10^{12}
5	150	8.41×10^{12}	9.77×10^{12}
6	180	2.86×10^{11}	7.51×10^{11}

表 2.8　飞灰粒度分析

序号	粒径/μm	单位	改造设计煤种	改造校核煤种
1	<3.28	%	0.68	0.88
2	<5.86	%	1.34	1.61
3	<10.48	%	2.92	3.34
4	<22.76	%	8.32	8.07
5	<33.54	%	17.24	15.10
6	<40.72	%	24.78	21.23
7	<49.43	%	33.39	28.66
8	<60.00	%	42.38	37.14
9	<72.84	%	53.38	48.39
10	<88.42	%	68.17	64.64
11	<107.33	%	85.05	83.32
12	<120	%	100	100

2.2.3.2　本工程煤质及飞灰评价

由于本电厂长期采用劣质煤（改造校核煤种），因此选用劣质煤种为本工程的设计基准煤种。对本工程的煤种及飞灰进行分析，选取对收尘影响较大的指标列表见表 2.9。

表2.9　煤质、飞灰主要指标

类别	项目	单位	改造校核煤种均值
煤质	Aar	%	36.23
	Sar	%	0.57
飞灰	Al_2O_3	%	15.38
	$SiO_2+Al_2O_3$	%	62.01
	Na_2O+K_2O	%	3.72
	比电阻值（150 ℃）	Ω·cm	9.77×10^{12}
	中粒径	μm	72.84

（1）煤种灰分。煤的灰分高低直接决定了烟气中的含尘浓度。含尘浓度过大，当出口粉尘浓度要求相同时，其设计除尘效率的要求也越高，且易产生电晕封闭。烟气含尘浓度高，所消耗表面导电物质的量大，对高硫、高水分的有利作用折减幅度大。因此，高灰分对电除尘器的烟尘排放是不利的。本工程煤种的灰分较大，经测试为36.23%，较高的灰分对电除尘器的性能会产生不利的影响。

（2）煤种硫分。煤中的含硫量对静电除尘器效率影响很大，当煤中的Sar高于1.5%时，烟气中的SO_3可起到调质作用，增强飞灰的表面导电性，有利于静电除尘器除尘；而当Sar质量分数低于1%时，烟气中的SO_3的调质作用非常微弱。Sar越低，静电除尘器的反电晕程度越强烈，收尘难度越大，效率也越低。本工程煤种硫分均在0.57%以下，对飞灰粒子荷电的正面影响较小。

（3）飞灰成分。飞灰中Si，Al，Fe，Na，K的质量分数对电除尘器效率影响较大。当煤灰中的Al_2O_3质量分数大于24%时，粉煤灰的黏度会随着Al_2O_3质量分数增高而增高。Al_2O_3质量分数高的飞灰粒径小，小于0.2 μm的飞灰质量分数高，粒径越细小的粉尘附着性越强。当飞灰中的Na_2O质量分数超过1.5%时，其具有离子导电性，对提高除尘器效率有利，而飞灰中的SiO_2会削弱Na_2O的作用。国外有关资料认为，飞灰中的SiO_2与Al_2O_3质量分数之和大于85%、Na_2O与K_2O质量分数之和小于1.5%时，静电除尘器收尘会比较困难。本工程飞灰中，Al_2O_3质量分数最大值为15.38%，SiO_2与Al_2O_3质量分数最大值为62.01%，以上成分含量对收尘的影响较小；Na_2O与K_2O质量分数之和最大值为3.72%，本工程Na_2O与K_2O质量分数对收尘有利。

（4）飞灰比电阻。粉尘比电阻是衡量粉尘导电性能的一个指标，它对除尘效率影响很大。实验结果表明，最适合电除尘器工作的比电阻值为$10^4\sim5\times10^{10}$（Ω·cm），在这个数值范围以外，电除尘器的性能将下降。粉尘比电阻小，导电性好；粉尘比电阻大，导电性差。比电阻过小的粉尘到达收尘极后，很快释放出负电荷而成中性，失去吸力，因而易从收尘极上脱落，重返气流，使除尘效率降低。比电阻过大的粉尘到达收尘极后，负电荷不能很快释放而逐渐积存于收尘极上，这就可能产生两种影响：一是由于粉尘仍保持其负极性，能排斥随后向收尘极运动的粉尘黏附在其上，使除尘效率下降；二是产生反电晕，阻碍粉尘向收尘极运动，使除尘效率下降。经测试，150 ℃时飞灰比电阻在10^{13}数量级，属于高比电阻，对电除尘器收尘不利。

（5）飞灰中粒径。飞灰粒径是衡量除尘难易的一个指标，它对除尘效率有一定影响。实验结果表明，飞灰粒径越大，除尘效率越高。粉尘粒径小，驱进速度慢；粉尘粒径大，驱进速度快。荷电粉尘的驱进速度随着粉尘粒径的不同而变化，总除尘效率随着中粒径增大而提高。粒径过小的粉尘附着性强，吸附在电极上的细粉尘不容易被振打下来，会使电除尘器的性能降低。本工程飞灰中粒径较大，对电除尘器收尘有利。

总之，本工程煤质与飞灰条件对除尘难易均有着不同程度的影响

2.2.4 现有电除尘器技术参数

现有电除尘器的主要技术参数见表2.10。

表2.10 现有电除尘器的主要技术参数

项目	单位	供方提供的内容
设计效率 保证效率 校核煤种效率	% % %	≥99.9%，≤44.2 g/m³ ≥99.9%，≤44.2 g/m³ ≥99.9%，≤44.2 g/m³
每台炉处理烟气量	m³/h	1628845
除尘器入口烟气温度	℃	134
除尘器入口含尘浓度	g/m³	44.2
本体压力	Pa	≤245
本体漏风率	%	<3
噪声	dB	1.5 m处小于85
有效断面积	m²	313.6
长、高比		1.32
室数/电场数		双室五电场
阳极板型式及总有效面积	m²	大C型，阳极板总面积：58678
阴极线型式及总长度	m	Ⅰ：芒刺线，Ⅱ和Ⅲ：锯齿线，Ⅳ：鱼骨针；总长度：88812.04

表2.10（续）

项目	单位	供方提供的内容
比集尘面积/一个（或几个）供电区不工作时的比集尘面积	$m^2/(m^3 \cdot s^{-1})$	129.69/117.42（单台除尘器参数）
驱进速度/一个（或几个）供电区不工作时的驱进速度	cm/s	5.33/5.88（单台除尘器参数）
烟气流速	m/s	0.72
壳体设计压力 负压 正压	 kPa kPa	 −9.8 +8.7
壳体材料		Q235
每台除尘器灰斗数量	个	10
灰斗料位计形式		射频导纳
本体重量 钢结构重量 总重	吨/台	2108 200 2308
每台除尘器所配整流变压器台数	台	10
整流变压器型式（油浸式或干式）及重量	t	油浸式/1.9
每台整流变压器的额定容量	kVA	134
整流变压器适用的海拔高度和环境温度	m/℃	0 ~ 1000/−45 ~ 45
每台除尘器耗功率	kW	额定2827 实际耗电量2038

2.3 电除尘器改造工程

2.3.1 除尘器改造技术参数

2.3.1.1 烟气设计参数

电厂现阶段入炉煤质与试验期间有一定出入，经计算，现阶段入炉煤的工况烟气量略高于试验期间，烟气中粉尘浓度指标略低于试验期间。对烟气量进行修正后，采取表2.11所示指标作为电除尘器的主要设计参数。

表2.11　电除尘器主要设计参数

序号	参数名称	单位	单台炉
1	除尘器出口烟尘排放浓度（α = 1.4）	mg/Nm^3	45
2	除尘器入口烟尘浓度（α = 1.4）	g/Nm^3	62.8
3	除尘器入口工况烟气量	m^3/h	2000000
4	除尘器入口烟气温度	℃	130
5	烟气中氧浓度	%	5.9

2.3.1.2　电除尘器场地情况

每台电除尘器进、出口烟道均为2个。

2台电除尘器的烟气经2台引风机后，直接进入湿法脱硫系统。

每台电除尘器均有2个进、出口喇叭。进口喇叭起始于锅炉厂房后墙平面，结束于除尘器厂房前墙平面，下方为消防通道，没有可以利用的空间。除尘器出口喇叭起始于除尘器后墙平面，结束于引风机房上方，没有利用空间，2个出口喇叭汇集1个烟道后，进入单侧引风机；除尘前后空间紧凑，没有扩建空间。

现有电除尘器场地情况见图2.1及图2.2。

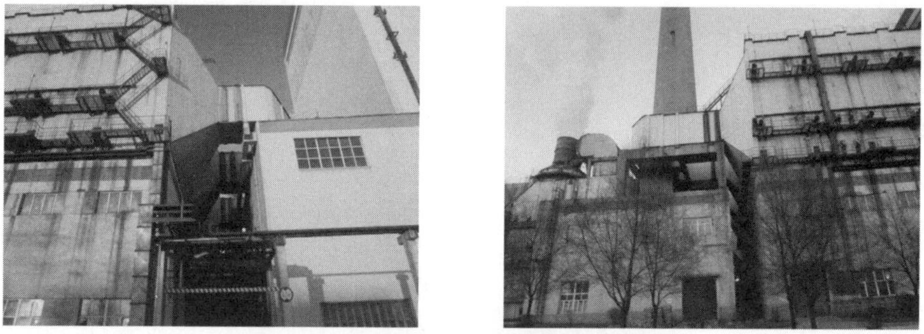

图2.1　改造前除尘器进出口场地空间情况

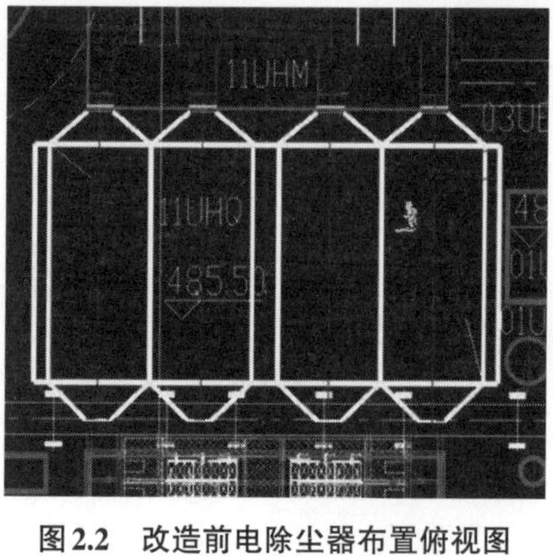

图2.2　改造前电除尘器布置俯视图

2.3.1.3　除尘器改造的目标

（1）设计效率。不小于99.93%（除尘器入口浓度为62.8 g/Nm^{3}时）。

（2）烟囱入口烟尘排放浓度保证值。不大于30 mg/Nm^3（α = 1.4）。

（3）压力。不大于245 Pa（视不同方案而定）。

（4）烟温。除尘器在烟温130 ℃情况下，能够连续运行。

（5）本体漏风率。小于2.5%。

（6）气流均布系数。小于0.25。

2.3.2　除尘器改造工艺方案

改造工艺方案分别为：电除尘器增容，一、二电场改装高频电源（方案一）；将末电场采用旋转电极，在一、二电场改装高频电源（方案二）；将除尘器改为电袋复合式除尘器（方案三）；FGD出口新增湿式电除尘器，一、二电场改装高频电源（方案四）。

2.4　除尘器改造方案

2.4.1　除尘器本体扩容+电控改造（高频电源）（方案一）

2.4.1.1　方案概述

为了保证除尘器改造后，出口烟尘排放达标的要求，本工程拟对电除尘器本体进行增效改造，并配合高效电源，使除尘器出口烟尘排放浓度降到45 mg/Nm^3（α = 1.4）以下。

改造的理论基础是除尘器效率计算公式（多依奇公式），理论如下：电除尘器是依靠气体电离，粉尘粒子荷电，带电粒子在电场力作用下移动到收尘极板，在合理的振打周期、振打力作用下，被收集在收尘板上的粉尘呈片状落入收灰斗中而被去除。

本工程比集尘面积设计值为129.69 m^2/(m^3·s^{-1})，总有效收尘面积为58678 m^2。由于实际使用烧煤种发生变化，电除尘器实际比集尘面积为108.67 m^2/(m^3·s^{-1})，实际驱进速度为5.26 cm/s。

本次改造电除尘器出口烟尘排放小于45 mg/m^3，入口烟尘浓度为62.8 g/Nm^{3}时，除尘效率需达到99.93%，理论上比集尘面积至少需要达到不小于137.70 m^2/(m^3·s^{-1})，总收尘面积须达到74353 m^2。因此，至少要将原除尘器极极扩容1.2671倍，即增加15678 m^2。

2.4.1.2　改造初步设计——电除尘器增容

电除尘器增容的方案通常有以下方式：加宽、加高及加长。相比较而言，应当优先增加电场，这是由粉尘的荷电特性及被收集的难易程度决定的，不同粒径的粉尘需要有不同电压等级与电场强度，才能保证其迅速而充分荷电及有效被收集。由于电厂原除尘器为双室五电场除尘器，现因燃烧煤种变化、烟气量变大，使除尘器比集尘面积变小，导致除尘效率下降。因此，不考虑增加新的电场，仅考虑增加现有电场极板长、宽、高。

① 现场条件。本次极板改造必须在现有条件下进行。

② 改造设计。考虑到改造空间不足，结合电控系统改造，最终将除尘器出口烟尘排放标准降到45 mg/Nm^3。具体地，将电场极板增大、增高。将前三电场极板长度增加至4 m、高度增加至15.5 m，四、五电场极板长度增加至4.5 m、高度增加至15.5 m。增加收尘面积14234 m^2，比集尘面积增加到131.24 m^2/(m^3·s^{-1})，进一步将现有除尘器一、二电场供电电源改造为高频电源，保证除尘器出口达到排放小于45 mg/m^3，同时对一、二电场输灰系统进行改造，加大一、二电场输灰能力。

（1）改造方案。

① 方案总则。本方案采取“高频电源+本体扩容”方式，主要目的包括两方面：一是加强电除尘器粉尘荷电能力，使粉尘更易荷电、被极板捕集，提高收尘效率；二是增大收尘面积，加长粉尘在电场内停留时间，以尽可能捕集更多的粉尘，配合对原电除尘气流均布的改善等措施来实现除尘器提效，满足低排放的目的。拆除原除尘器内极板、极线，将侧部振打改为顶部振打，壳体利旧（改造后引风机压头不变，壳体不必修改），灰斗利旧。原一至五电场工频电源更换为高频电源，保温及外护板部分更新。原电除尘器的壳体、梁、钢支架进出口烟道和灰斗应进行强度荷载核算、补强、检查检修、喷涂防腐漆。

② 改造主要内容。利用现有的电除尘器基础、支架、底梁和灰斗等设备。保留原电除尘器钢支架、灰斗、进出口喇叭等。对除尘器壳体、框架、极板、极线、振打装置、气流均布板进行更换。将电场极板增大、增高，并改为顶部振打。将一、二、三电场极板长度增加至4 m、高度增加至15.5 m，四、五电场极板长度增加至4.5 m、高度增加至15.5 m。由于将极板增大以后占用了原侧部振打装置安装空间，因此需要调整振打方式为顶部振打。

③ 极距。除尘器本体改造后电场极板极距与改造前保持一致，为400 mm。

④ 电控系统。将现有除尘器一、二电场整流变压器全部更换为高频电源，拆除原整流变压器、高压控制柜。单台炉共新增8台高频电源，型号为1.2 A/85 kV；配置新的高压隔离开关柜以及相关通讯、控制电缆。

⑤ 立柱。除尘器两根立柱不做改变。

⑥ 引风机房。此方案不对引风机房做改动。

⑦ 气力输灰系统。更换一电场仓泵，用替换下来的仓泵替换二电场的仓泵，增大

一、二电场输灰能力。对一电场输灰线路进行修改，每台炉增加一条输灰管路，使每台除尘器的一电场拥有各自独立的输灰管路。

（2）改造后电除尘器主要设计参数。电除尘器增容改造后，主要技术参数见表2.12所示。

表2.12　单炉电除尘器主要技术参数

序号	项目	单位	内容
1	保证效率	%	99.928%
2	本体压力	Pa	≤245
3	工况烟气量	m^3/h	2000000
4	本体漏风率	%	≤2.5
5	有效断面积	m^2	2*313.6
6	室数/电场数		2/5
7	通道数		56（一、二、三、四、五电场）
8	电场有效长度	m	4（一、二、三电场）；4.5（四、五电场）
9	电场有效高度	m	15.5
10	电场有效面积	m^2	72912
11	比集尘面积	$m^2/(m^3 \cdot s^{-1})$	131.24
12	驱进速度	cm/s	5.26
13	烟气流速	m/s	0.89
14	同极距	mm	400
15	壳体设计压力 负压 正压	 kPa kPa	 −9.8 8.7
16	每台除尘器灰斗数量	个	10
17	灰斗加热型式		按原设计
18	灰斗料位计型式		射频导纳
19	高频电源台数	台	8

（3）改造设备清单。除尘器增加一个电场后，本体设备清单见表2.13。

表2.13　电除尘器增容设备清单（单台炉）

序号	名称	规格型号	单位	数量	备注
1	电场支撑，滑动轴承		套	20	
2	除尘器壳体		套	2	
3	框架		套	2	
4	电场阴极框架		套	20	
5	阴极线		m	88812	
6	阳极板		m^2	72912	
7	原电场支撑框架加强（如果需要）		套		
8	新电场楼梯，平台和扶手的延伸		套	1	
9	电场保温		套	1	
10	仓泵		套	4	
11	输灰管路		套	1	

（4）改造工期。采用该方案改造每台炉总施工工期约为60 d，停炉工期约为45 d。

2.4.1.3　电控系统改造——高频电源

从多年的实际应用情况来看，在以下几个场合，电除尘器应优先考虑选用高频电源，入口浓度大于30 g/m³前电场（20 g/m³以上也可用），烟气流速大于1 m/s前电场，粉尘比电阻大于10^{11} Ω·cm的后级电场。

依据本工程的测试参数进行分析后，改造方案（单台炉）如下。

（1）将现有电除尘器的一、二电场由普通工频电源更改为高频电源。

（2）在一、二电场的8个供电分区安装高频电源（85 kV/1200 mA），并采用全新静电除尘控制器替换现有的控制器，实现高压控制性能优化。

（3）每台电除尘器额外安装一套电磁振打控制器，将现有的电磁振打系统接入，实现电磁振打高低压一体控制。

（4）对当前的电除尘器本体进行检查，并根据结果对电除尘进行恢复性大修。

通过运行员操作/工程师维护站ProMo Ⅲ，分别对电除尘器安装的高频电源SIRIV实现监控，包括电场高压侧的电压电流运行参数，电场振打系统的运行参数，电场火花率，电场出现的报警、跳闸故障等。根据不同用户的需求，如果将上位机接入因特网，那么可以对SIR进行实时的远程优化控制，保证SIRIV发挥最佳的效能。

除尘器扩容后，电控设备清单见表2.14。

表2.14　电除尘器增容后电控设备清单（单台炉）

序号	名称	规格	单位	数量	备注
1	高频电源	1.2 A/85 kV	台	8	
2	高压控制柜改造		台	8	
3	上位机系统升级		套	1	
4	通讯电缆		套	1	
5	控制电缆1		套	按需	
6	控制电缆2		套	按需	

2.4.1.4　电除尘器改造后的预期效果

（1）除尘器扩容对除尘器效率提高的预期效果。除尘器扩容后，比集尘面积为131.24 $m^2/(m^3\cdot s^{-1})$，电除尘器的驱进速度为5.26 cm/s，按此计算，除尘器效率为99.90%，烟尘排放浓度为63.11 mg/Nm^3，达不到低于45 mg/Nm^3的要求。根据本报告的计算结果，若保证烟尘排放小于45 mg/Nm^3，则比积尘面积需大于137.70 $m^2/(m^3\cdot s^{-1})$，依据现有技术无法实现。因此，本工程单独采用除尘器扩容的方案不可能达到烟尘排放低于45 mg/Nm^3的要求。

（2）除尘器扩容与高频电源组合方案。从已运行的高频电源的效果来看，改装高频电源后，会使除尘器总比集尘面积增大5%，达到137.81 $m^2/(m^3\cdot s^{-1})$。因此，采用除尘器扩容加一、二电场改造高频电源方案能满足除尘器出口粉尘浓度低于45 mg/Nm^3的要求。由于除尘器后设置有湿法脱硫系统，脱硫系统本身也具有一定的除尘效率，本工程如果采用上述方案，并考虑湿法脱硫系统除尘效率，预计烟囱入口处烟尘排放浓度可以控制在30 mg/Nm^3以下。

2.4.1.5　其他需要说明的问题

不涉及土建的工作内容，控制部分不做大的设备变动，本方案不会引起引风机改造。

2.4.2　旋转电极+电控改造（高频电源）（方案二）

2.4.2.1　旋转电极式电除尘器

（1）旋转极板电除尘器（见图2.3和图2.4）最末电场的收尘极板是转动的，极板清灰不是通过振打，而是依赖设置于极板最下端的刷子。当极板转动到下端时，凭借刷子，将附着在表面的粉尘刷下来。

（2）由于清灰彻底，板面洁净，加之处在后级电场的灰量少，可以使极板的洁净状态保持的时间更长。所以，在极板表面不能形成连续的粉尘层及建立粉尘层电场，因而没有产生反电晕的必备条件。

（3）由于旋转极板的电极采用大平板配置，便于创建电场强度和电晕电流分布更均匀的收尘环境，能够加快尘粒驱极，有利于提高收尘效果。

（4）旋转电极电除尘器由于自身结构原因，传动链条长期受到烟气酸碱腐蚀，容易受到烟气粉尘腐蚀磨损。

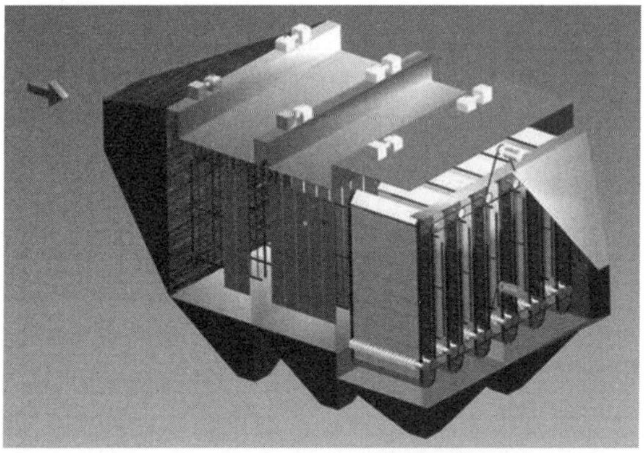

图2.3　转动电极式电除尘器结构图

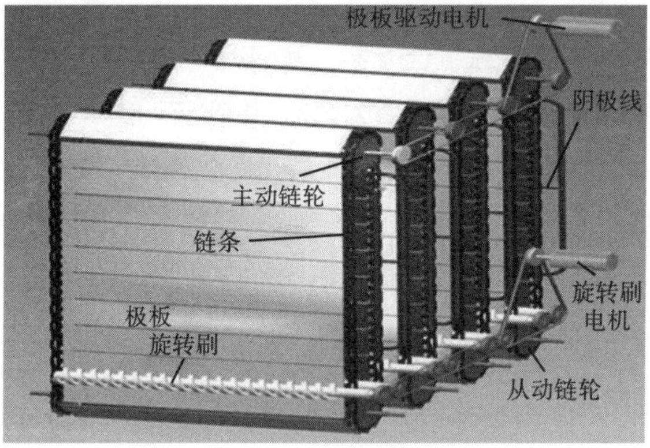

图2.4　转动极板工作原理图

2.4.2.2　电除尘器改造工程的特点

（1）只需要拆除末级电场的电极，将其更换为转动电极，其余电场均予保留。此外，针对不同工况条件和排放要求，对原设备进行必要的检查和消缺。

（2）不必像采用常规电除尘技术进行提效改造那样，需要在纵向和横向占用较大场地。

（3）不必像采用全袋式或“电+袋”式除尘器那样，需要大量拆除原有电除尘器的电场，然后去重新装配滤袋，改造除灰系统，更换引风机等设备，电气和控制系统改动内容也很少。

2.4.2.3　改造总体思路

针对烟尘排放浓度设计要求，在现有电除尘器基础上，总体改造思路如下。

本工程采用旋转电极式电除尘技术（4+1）改造方案，前面四个电场不动，对前面四个电场的阴阳极系统进行必要的检修和维护工作，并根据情况进行设备的更新；将第五电场改为旋转电极式电除尘器，同时将一、五电场除尘器电源更换成高频电源。

2.4.2.4　改造方案

（1）本体改造——前四电场修复，将末电场改造成旋转电极电场。如前所述，由于场地原因，电除尘器无法增容，因此只对除尘器本体改造。对除尘器前四个电场阴阳极系统进行检查修复，将末电场改造成电场有效长度为3.5 m的旋转电极电场。

① 把原来的五电场改造成转动极板电场。

② 运用计算机仿真模拟技术，对除尘器前后烟道（包括除尘器）进行模拟分析，并依据分析结果，在除尘器前置烟道加装导流板，使每台除尘器及每个室（通道）烟气量分配均匀，在此基础上，更换进口气流分布板，使气流进入电场更均匀，保证流速的标准方差小于0.2。

③ 出口加装新型槽板（双层），这种槽板带有振打清灰装置。当末电场带电粉尘流出电场碰到槽板时，由于受到静电吸附力作用，粉尘附着在槽板上。当槽板上的粉尘达到饱和（不容易吸附）时，通过振打清灰装置清除槽板上的粉尘，保持槽板清洁，其作用原理与阳极板相同。

④ 对现有除尘器前四个电场进行检查和必要的维修，其设备利旧。

（2）电气控制改造——一、五电场采用高频电源

① 将现有电除尘器的一、五电场由普通工频电源更改为高频电源，共更换高频电源8台；其他电场更换新的常规电源。

② 在一、五电场的8个供电分区安装85 kV/1200 mA型高频电源，并采用EPIC Ⅲ替换现有的控制器，实现高压控制性能优化。

③ 每台电除尘器额外安装一套电磁振打控制器ERIC，将现有的电磁振打系统接入，实现电磁振打高低压一体控制。

④ 对当前的电除尘本体进行检查，并根据检查结果，对电除尘进行恢复性大修。

（3）电控系统改造

① 增加4台转动极板控制柜，通过变频器，敷设动力电缆，实现对调速电机的控制。

② 仍利用原有的电除尘器PLC控制系统，对原上位机系统的监控显示重新进行组态。

（4）相关系统改造。对前四个电场所有阴极线、阳极板及相关配件进行检查，做必要的维修和更新。更换一电场仓泵，用替换下来的仓泵替换二电场的仓泵，增大一、二电场输灰能力。对一电场输灰线路进行修改，每台炉增加一条输灰管路，使每台除尘器的一电场拥有各自独立的输灰管路；电除尘器改造后，应考虑一、二、三、四、五电场除灰系统设备老化、阀门内漏严重等情况，将一、二、三、四、五电场除灰系统所有阀门全部更换，确保除灰系统稳定运行；灰库和灰斗的气化板堵塞较为严重，应全部更换，确保除灰系统稳定运行。

（5）电除尘器改造后的主要技术参数。将第五电场原地改造成旋转极板电场后，参数见表2.15。

表2.15 旋转电极式电除尘技术改造后电除尘器主要技术参数（单台炉）

参数名称	单位	技术参数
电除尘器型号		2SY3*35M+41M+35R-2*112-141
设计进口烟气量	m^3/h	2000000
进口含尘浓度	g/Nm^3	62.8
烟气温度	℃	130
流通面积	m^2	2*313.6
烟气流速	m/s	0.89
同极间距	mm	400；430
总集尘面积	m^2	65856
比集尘面积	$m^2/(m^3\cdot s^{-1})$	118.54
驱进速度	cm/s	5.3

（6）电除尘器改造后的参数。将第五电场改造成旋转极板电场后，主要技术参数如表2.15所示。由此可见，这种改造可以消除原电除尘器的绝大多数振打扬尘，使出口排放降低。转动电场采用旋转刷清灰，清灰彻底，避免了反电晕的发生，比常规电场能产生更好的除尘效率，并且可以保证长期运行后除尘器效率仍保持稳定。根据电厂除尘器排放现状，现状参数计算结果包括：比集尘面积为118.54 $m^2/(m^3\cdot s^{-1})$，驱进速度为5.26 cm/s，此时除尘器效率为99.80%，按照除尘器入口浓度为62.8 mg/Nm^3计算，单独采用旋转极板可将除尘器出口烟尘排放降到123.03 mg/Nm^3以下，进一步对一、五电场采取高频电源后，除尘器出口烟尘排放浓度仍不能降到45 mg/Nm^3以下。

2.4.2.5　其他需要说明的问题

旋转电极方案不能保证除尘器出口粉尘排放浓度小于45 mg/Nm³以下，此方案不可行。

2.4.3　电袋复合除尘器改造方案（方案三）

2.4.3.1　电袋除尘器工作原理

如图2.5所示电袋复合除尘器结构图为串联一体式结构。含尘烟气进入除尘器后，烟气中70%～80%的粉尘在电场内荷电被收集，剩余20%～30%的细粉尘随着烟气经电场出口、袋式入口的多孔板均流后，一部分烟气水平进入袋式除尘区，另一部分烟气由水平流动折向电场下部，然后从下向上，进入袋式收尘区，含尘烟气通过滤袋外表面，粉尘被阻留在袋式的外部，净烟气从袋式的内腔流出，进入上部净气室，然后汇入排风管，流经出口喇叭、管道、风机，并从烟囱排出。电袋复合除尘器结构见图2.5所示。

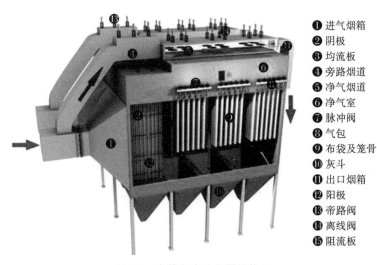

图2.5　电袋复合除尘器结构图

2.4.3.2　改造方案

（1）总体设想。保留现有电除尘器五个电场中的前一、二个电场，改造后面电场为布袋，从而形成整体结构的电袋复合除尘器，改造范围在原有除尘器进出口喇叭法兰内。采用整体式电袋结构，在原除尘器范围内进行改造，不增加纵向、横向柱距，不增加土建工作量及输灰设备。该方案保留原除尘器一电场阴阳极及高低压设备，并对其进行检修，拆除三、四、五电场阴阳极及高低压设备，其空间布置滤袋区及清灰系统，清灰系统采用低压行脉冲长袋技术。为保证电袋除尘器有足够的除尘效率，除尘器的袋区空间必须能够保证袋区在选取的过滤风速下有足够的过滤面积。袋除尘区选择1.00 m/min的过滤风速，除尘器实现出口排放浓度不大于30 mg/Nm^3、本体压力不大于1200 Pa、滤袋设计寿命4年以上的性能指标。

（2）改造设计。本工程改造为电袋除尘器，采取保留一个电场（2电1布式）改造方式。设计指标见表2.16所示。如果拆除两个电场，可装滤袋约为3157个，满足不了过滤风速的要求。在所需过滤面积不变的前提下，拆除三个电场可以满足装设滤袋数目的要求。

表2.16　电袋除尘器设计指标（单台除尘器）

序号	项目	单位	2电1布
1	袋区有效长度	m	11.5
2	袋区有效宽度	m	22.4
3	烟气量	m^3/h	1000000
4	过滤风速	m/min	1.00
5	过滤面积	m^2	16667
6	滤袋规格	mm	Φ168×8250
7	每条滤袋过滤面积	m^2	4.35
8	滤袋边缘间隔	mm	60
9	所需滤袋数	条	3832
10	三、四、五电场可安装滤袋数	条	4612

（3）改造方案。工程设计采用利旧原则，尽量保证原有电除尘器的本体及框架不动，拆除三、四、五电场及其附属设备，装设布袋。由于布袋区较静电除尘区的荷载小，因而可以利用原有的基础，不需要增加额外的支撑结构。灰斗下标高不变。主要改造内容如下。

① 电除尘区部分。检修进口喇叭气流分布装置，防止内部结构受高硅分飞灰磨损。对一、二电场所有阴极线、阳极板、振打器及相关配件进行修复。主要内容包括一、二电场极板极线的修复、更换、间距调整及一电场漏风治理，电除尘器和灰斗所有焊缝需进行焊接处理。拆除三、四、五电场壳体内的所有设备（收尘极板、电极线、振动装置、整流变等）。除尘器进出口喇叭范围外烟道不改动。灰斗壁板与水平夹角要大于60°，以保证排灰通畅，必要时，进行整改。

② 袋式除尘区部分。布袋除尘区选用低压长袋技术，考虑袋区在线检修功能，单台炉布袋除尘区划分多个分室结构。布袋除尘区清灰系统选用大规格电磁脉冲阀，使

袋区设备布置合理紧凑。在一、二电场位置之间安装气流导向和均布装置，减少由烟气带来的二、三、四电场位置的布袋袋束冲刷。在除尘器二、三、四电场柱顶位置安装布袋除尘器的净气室和含尘气室的隔板，并在隔板上安装花板，以便安装滤袋。除尘器的电缆和桥架根据现场情况，优先利旧，并在将来的设计中考虑是否需要移位改造。楼梯走道、起吊装置、保温外护等，按照利旧和部分新增设计。

③ 实现在线检修。在除尘器的净气室安装检修门和滤袋破损检测观察装置，以便对除尘器进行检查和维护。考虑袋区在线检修功能，单台炉除尘区隔离划分4个主通道。烟气隔离技术措施是烟气进口前端采用电动挡风门，出口顶部采用提升阀。当某一通道需要在线检修时，同时关闭进、出口的挡风门和提升阀。温降措施是进出口挡风门关闭后，打开该通道袋区净气室侧部所有人孔门，平衡内外压力。打开出口个别提升阀，加大负压，增加外部空气流量，冷却内部。破袋处理措施是待内部降温后，再关闭出口提升阀，检修人员迅速进入，封堵破损滤袋上口，待日后停炉检修时，再更换滤袋。处理完毕后，人员迅速撤离。

④ 安装粉尘预涂装置。在每单台除尘器的入口管段安装粉尘预涂装置，在油点炉或油煤混烧时，对除尘器进行粉尘预涂，防止发生油污糊袋现象。

⑤ 滤料选择。为适应烟温和现有烟气成分条件，拟选用耐高温、防水、防油、防酸碱腐蚀、抗糊袋材质的滤料，滤袋有效使用寿命不小于30000 h，滤料推荐PPS+PTFE基布，配以先进的针刺与FCT（纳米涂层发泡）工艺。滤袋设计技术参数如表2.17所示。滤料说明。电袋除尘器电场在工况条件下工作，即使产生少量的臭氧，在烟气温度到达130 ℃以上，电场放电产生的臭氧迅速分解。由于臭氧的分解速率除了和温度有关外，可能还跟气体中的气氛有极大关系，硫化物等还原性气体可能加速臭氧分解。根据理论和现场实测，电袋除尘器电场在操作运行不当的前提下，会产生少量的臭氧，臭氧对PPS滤料的寿命有影响，但是臭氧不稳定，在高温烟气条件下快速氧化分解，对滤袋的寿命几乎没有影响。

表2.17　滤袋设计技术参数表

项目	单位	参数
克重	g/m^2	550
厚度	mm	1.8
断裂强度	经向（N/5cm）	≥900
	纬向（N/5cm）	≥1200
断裂伸长率	经向/%	≤30
	纬向/%	≤50

表 2.17（续）

项目	单位	参数
热收缩 210 ℃，90 min	经向/%	≤1.5
	纬向/%	≤1.0
持续使用温度	℃	≤165
瞬间使用温度	℃	200
使用寿命	h	30000

⑥ 清灰工艺。布袋采用低压脉冲喷吹清灰。有行脉冲清灰和旋转脉冲清灰两种工艺方案。这两种方式都能满足除尘器稳定运行的需要。以下就两种清灰方式进行对比分析。

第一，行脉冲清灰。滤袋按照行规则排列设计，每个滤袋均有对应的喷吹口，清灰压力较高（0.2 ~ 0.3 MPa），当启动清灰程序时，每个脉冲阀按照设定的顺序通过一行行固定的喷吹管对各行所有滤袋进行依次清灰，每个滤袋的清灰条件相同。其清灰的部件包括气源、气包、电磁阀、脉冲阀、喷吹管、喷嘴和喷射器。这种清灰方式清灰彻底，没有死角。行喷吹气源采用压缩空气。

第二，旋转脉冲清灰。每个过滤单元（束或分室）配制一个大口径（12英寸）的脉冲阀和多臂旋转机构，脉冲喷吹清灰压力为0.085 MPa，滤袋为椭圆形，按照同心圆方式布置。一般清灰结构按照固定速度旋转，转臂位置与清灰控制无关联，当脉冲阀动作时，无法保证转臂喷吹口与滤袋口对应，时有出现清灰气流喷于花板，或一部分滤袋永远未受到清灰。旋转脉冲清灰气源采用罗茨鼓风机。

滤袋区的清灰方式以行脉冲为主。行脉冲喷吹清灰以强劲、高效、彻底的性能成为主流技术。滤袋区采用脉冲喷吹结构，滤袋按照行列矩阵布置，前后左右滤袋之间间隔均匀，有效地保证了电袋两区之间气流衔接与分布均衡，使电袋综合性能最优。行脉冲清灰有利于电袋复合除尘器内部的气流均匀分布，可以有效地避免滤袋的不均匀破损。旋转脉冲清灰是结合脉冲和低压反吹风两种技术形成的一种清灰方式，源自德国鲁奇，在我国中小型机组燃煤电力业有较多应用。这种清灰压力低，并采用“模糊清灰”，即清灰时旋转转臂喷吹口与滤袋口之间的位置未一一对应，清灰力薄弱，效果不彻底。当旋转脉冲结构组合于电袋时，由于滤袋按照同心圆周布置，内部气流分布紊乱，不利于滤袋表面荷电粉尘的“蓬松”堆积，无法最大限度地发挥电袋复除尘器的荷电粉层的低阻优势。基于上述两点，旋转脉冲袋技术未能在电袋中普遍应用。综上所述，本工程推荐行脉冲清灰工艺；电磁脉冲阀是脉冲清灰动力元件，选用隔膜式；电磁脉冲阀选用进口设备；清灰系统使用原装进口的电磁脉冲阀，保证使用寿命5年（100万次），脉冲阀的结构要适应当地严寒气候，不因冰冻影响脉冲阀动作灵敏性；安装脉冲阀的容器必须用直径370 mm以上无缝钢管进行加工，以保证脉冲瞬间工作需要的容积，同时强度符合《钢制压力容器》（GB 150—1998）。

⑦ 电除尘器高压电源部分。电除尘器高压电源维持原运行方式；电除尘器顶起吊装置方向改变，由现在的朝向除尘器后改为朝向除尘器前。

⑧ 清灰采用的气源。清灰的压缩空气量核定是按照单个电磁阀耗气量为1.0 Nm^3/min（考虑到电磁阀关闭滞后）、清灰最少周期为2400 s、电磁阀数量为500个、备用系数1.2估算，每台锅炉除尘器需要约增加15 Nm^3/min压缩空气消耗量。电厂已配备8台60 Nm^3/min的空气压缩机作为厂用气源，考虑到电厂即将进行2号机脱硝改造等工程，改造后缺少备用空气压缩机，因此，在引风机房布置一台60 Nm^3/min的空气压缩机作为备用压缩空气气源。

⑨ 电除尘器壳体强度校核。本工程实施电袋改造后，引风机将提高压力约为1000 Pa，使原除尘器壳体承受的压力比改造前增加约为1000 Pa，因此，本工程改造时需要对壳体强度进行校核。对于使用时间较短的梁柱型结构或安全系数取值较大且原设备设计承压值较高的电除尘器的改造，可做简单的局部加固；对于轻型薄壁结构或使用多年、腐蚀老化的旧设备，应做详细的结构计算，确定合理的加固方案。

（4）改造设计参数。采用电袋除尘器改造方案后，除尘器技术参数见表2.18所示。

表2.18　除尘器改造后，电袋方案技术参数（单台炉2台除尘器）

序号	名称	单位	指标
1	主要技术指标		
1.1	烟气量	m^3/h	2000000
1.2	烟气温度	℃	132
1.3	入口烟尘浓度	g/Nm^3	62.8
1.4	烟尘排放浓度（$\alpha = 1.4$）	mg/Nm^3	≤30
1.5	总除尘效率	%	99.952
2	主要技术参数		
2.1	电场断面积	m^2	313.6×2
2.2	比集尘面积	$m^2/(m^3\cdot s^{-1})$	79.02
2.3	室数/电场数	个	2/2
2.4	驱进速度	cm/s	5.26

表2.18（续）

序号	名称	单位	指标
2.5	烟气流速	m/s	0.89
2.6	过滤风速	m/min	1.0
2.7	总过滤面积	m^2	16667×2
2.8	滤料名称		PPS+PTFE基布
2.9	滤袋规格	mm	Φ168×8300
2.10	滤袋使用寿命	年	≈3
2.11	清灰类型		低压脉冲行喷吹
2.12	清灰压力	MPa	0.2～0.3（可调）
2.13	清灰周期	min	40
2.14	耗气量	m^3/min	15
2.15	脉冲阀规格		进口3英寸淹没式
2.16	除尘器灰斗数量	个	10×2
2.17	除尘器压力均值	Pa	1200
2.18	除尘器漏风率	%	≤2.5

2.4.3.3　气力输送系统改造

由于煤种变化等因素导致现除尘器一电场输灰量增多，因此需要对一电场输灰系统进行改造。电除尘器改造为2电1布式电袋复合除尘器后，后三个电场的灰量平均分配。改造后四、五电场输灰灰量较改造前增大很多，已超出现有仓泵输灰能力的要求，因而，需要对四、五电场气力输灰系统进行改造。

气力输灰系统：更换一电场仓泵，用替换下来的仓泵替换二电场的仓泵，增大一、二电场输灰能力。将四、五电场仓泵更换为跟三电场同型号仓泵，增大四、五电场输灰能力。

输送管道配置：对一电场输灰线路进行修改，每台炉增加一条输灰管路，使每台除尘器的一电场拥有各自独立的输灰管路。二、三、四、五电场利用原有输灰管道。

2.4.3.4　现有引风机改造

电袋改造导致锅炉烟风系统阻力增加。

电除尘器改造成电袋除尘器使锅炉烟气系统阻力增大，这就需要吸风机有足够的压头来克服阻力。电袋除尘器的保证运行压差在1200 Pa范围内，相对于电除尘器的运行压差提高了1000 Pa的压头。这个额外增加的压头就需要提高引风机的工作压头来抵消。

见表2.19所示，在除尘器性能测试实验中，除尘器出口处的静压在两种煤种下负压分别为2900，2600 Pa。按照脱硫系统2000 Pa压力、2号机即将进行的脱硝增加1200 Pa压力、电袋除尘器增加1000 Pa压力计算，脱硝、电袋改造后烟气系统总压力为7100 Pa（除尘器出口取极大值2900 Pa）。

表2.19　烟道压力、风机压升统计表

压力	现有压力	原锅炉至除尘器出口压力	Pa	2900
		脱硫系统压力	Pa	2000
	改造增加压力	脱硝	Pa	1200
		电袋除尘器	Pa	1000
	合计压力	—	Pa	7100

经测试，现阶段吸风机没有足够的裕量。电除尘器改造后在锅炉蒸发量为740 t/h时，吸风机出力已接近上限，故现有吸风机难以满足改造后在高负荷情况下的生产要求。采用此方案需要进一步对吸风机进行改造，引风机内容改造列入脱硝工程。

2.4.3.5　改造主要设备清单

除尘器改造后主要的设备清单见表2.20。

表2.20　电袋复合除尘器本体部分设备改造清单（单台炉）

序号	名称	性能参数	单位	数量	备注
1	电袋除尘器				
1.1	滤袋	PPS+PTFE基布	条	7664	
1.2	袋笼	有机硅喷涂，Φ163×8200	个	7664	
1.3	电磁脉冲阀	进口淹没式，3英寸	个	485	
1.4	花板		t	50	
1.5	顶板和走台		t	50	
1.6	预涂灰装置		台	1	
1.7	保温材料		套	2	
1.8	入口挡板门	3000×3600	个	4	利旧
1.9	出口挡板门	3000×3600	个	4	

表 2.20（续）

序号	名称	性能参数	单位	数量	备注
1.10	喷吹系统		套	2	
1.11	空气压缩机	60 Nm^3/min	套	1	
2	控制系统				
2.1	PLC控制柜		套	1	
2.2	低压控制柜		套	1	
2.3	UPS		套	1	
2.4	测温传感器	按需要设置	台		
2.5	压力传感器	按需要设置	台		
2.6	起点终点都在本体上的电缆1和电缆2		套	2	
2.7	起点终点都在本体外的电缆1和电缆2		套	1	
2.8	1 kV交联聚乙烯电缆	铜芯	km	1	
2.9	检修/照明箱		套	2	
3	输灰系统				
3.1	仓泵		套	4	一电场
3.2	仓泵		套	8	四、五电场
3.3	输灰管路		套	1	
4	建筑物				
4.1	除尘器间		座	2	利旧

2.4.3.6 其他需要说明的问题

由于电厂现阶段脱硫系统入口CEMS测点粉尘浓度模块不灵敏，建议在除尘器控制模块中添加粉尘浓度检测模块，具体内容见控制部分。

2.4.4 湿式电除尘器+电控改造（高频电源）（方案四）

为了保证脱硫塔稳定运行（入口烟尘小于200 mg/Nm^3）及烟囱入口烟尘达标排放小于20 mg/Nm^3，本方案拟对原电除尘器一、二电场进行高效电源改造和脱硫出口增设湿式电除尘器，使烟囱入口烟尘排放浓度降至20 mg/Nm^3（$\alpha = 1.4$）以下。

2.4.4.1　静电除尘高频电源改造

（1）改造内容。方案一已经详细描述了高频电源的基本原理、特点及改造方案，本方案涉及电除尘器高频电源改造内容及范围与方案一相同。

（2）高频电源改造效果。国内静电除尘器高频电源改造已投运项目中，改造后除尘效率与改造前有明显提高。统计分析发现，改装高频电源后，除尘器总比集尘面积增大5%。结合本项目静电除尘器目前运行情况及实测数据分析，收尘面积增大2934 m^2。根据除尘效率公式，计算结果见表2.21所示。

表2.21　静电除尘高频电源改造烟尘排放

烟气量	2000000 m^3/h	入口浓度	62.8 g/Nm^3
收尘面积	61612 m^2	出口浓度	157 mg/Nm^3
烟气温度	132 ℃		

（3）电控设备。高频电源改造、除尘器扩容后，电控设备清单见表2.22。

表2.22　电除尘器增容后电控设备清单（单台炉）

序号	名称	规格	单位	数量	备注
1	高频电源	1.2 A/72 kV	台	8	
2	高压控制柜改造		台	8	
3	上位机系统升级		套	1	
4	通讯电缆		套	1	
5	控制电缆1		套	按需	
6	控制电缆2		套	按需	

2.4.4.2　湿式电除尘器改造方案

（1）湿式电除尘器简介。湿式电除尘器是一种用于处理含高湿气体的高压静电除尘设备，主要用于除去含湿气体中的尘、酸雾、水滴、气溶胶、臭味、PM2.5等有害物质，是治理大气烟尘污染的理想设备。湿式电除尘器在结构上有两种基本形式，即管式和板式，结构示意图见图2.6，截面图见图2.7。管式又分为圆管、方形管和六边形蜂窝管。管式湿式电除尘器放电极均布各极板之间，用于处理垂直流动的烟气。板式静电除尘器的集尘极呈平板状，极板间均匀布置电晕线，板式湿式静电除尘器可用于处理水平或垂直流动的烟气。湿式电除尘器布置形式主要包括垂直独立布置、垂直组合布置（见图2.8）和水平独立布置三种形式。目前，这三种布置方式的湿式电除尘器在美国、欧洲和日本的火力发电厂均有应用，其中垂直独立布置的大型湿式电除尘器在化工和冶金行业的应用较多，一般为模块化设计，便于安装和解列维修。垂直组合布置方式是将湿式电除尘器布置在湿式石灰石-石膏法脱硫塔上方，此布置方式占地面积小。目前，上述结构和布置方式的湿式电除尘器在我国、美国、欧洲和日本的火力发电厂均有应用。

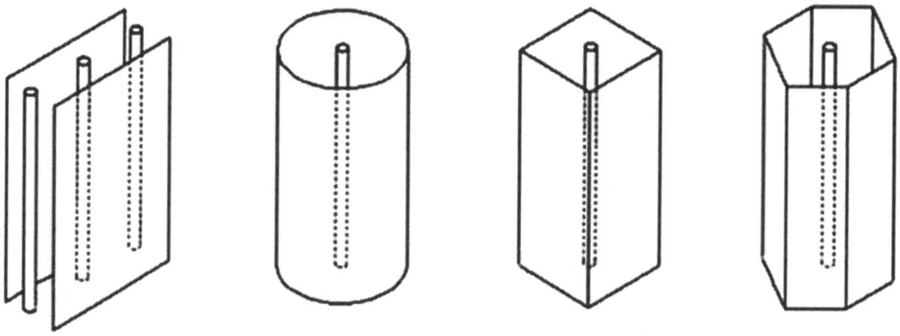

（a）板式　（b）圆管　（c）方形管　（d）六边形蜂窝管

图 2.6　板式和管式湿式电除尘结构示意图

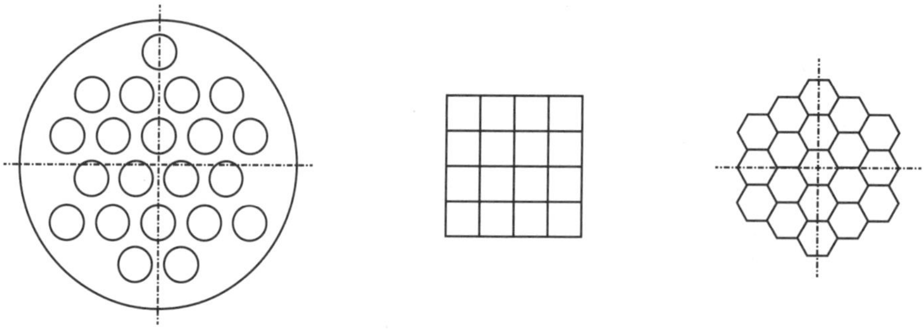

（a）圆管　（b）方形管　（c）六边形蜂窝管

图 2.7　管式湿式电除尘截面图

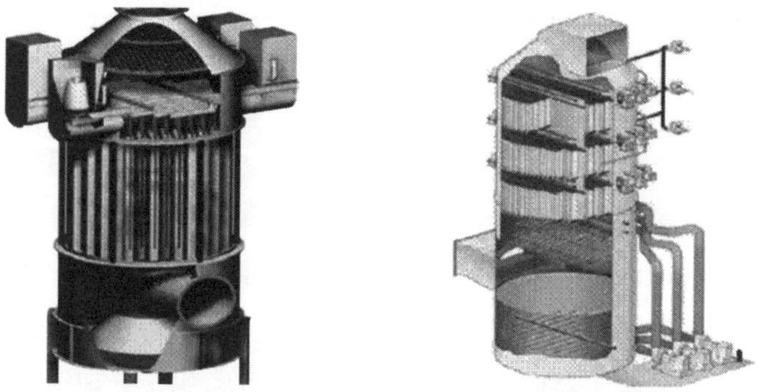

图 2.8　垂直独立和垂直组合湿式电除尘器

（2）设计输入条件。

① 烟气设计参数。本方案设计输入参数时，静电除尘器设计输入烟气量为 2000000 m^3/h，已考虑漏风率等因素，折算至脱硫塔出口设计烟气量为 1701125 m^3/h，

脱硫塔除烟尘效率按照55%考虑，脱硫塔出口为70 mg/Nm^3。烟囱入口排放烟尘按照小于20 mg/Nm^{3}设计；综合分析对比了电煤质与相同机组燃烧接近煤质情况，确定SO_3排放按照30 mg/Nm^3。湿式电除尘器工程的主要设计参数及烟气入口设计参数见表2.23。

表2.23 入口烟气参数

序号	湿式电除器设计值	单位	数 量
1	总流量（干态）	Nm^3/h	1188620
2	H_2O（蒸汽）	Nm^3/h	165432
3	H_2O（液态）	mg/Nm^3	75
4	总流量（湿）	Nm^3/h	1354052
5	实际流量	Am^3/h	1701125
6	SO_3	mg/Nm^3	30
7	Ash at 6% O_2	mg/Nm^3	70.0
8	温度	°C	52

② 湿式电除尘器场地情况。本工程静电除尘器、烟囱、湿法脱硫装置及增压风机房布置很紧凑，场地相当紧张。采用板式水平烟气流方式布置不太可能，本方案湿式电除尘器主要以管式布置，采用上进下出方式。

③ 除尘器改造的目标。第一，设计效率不小于71.7%（当除尘器入口浓度为70 mg/Nm^{3}时）。第二，除尘器出口烟尘（含石膏）排放浓度保证值不大于20 mg/Nm^3（标态、干基、6%O_2）。第三，新增压力不大于350 Pa（湿式电除尘器本体压力不大于250 Pa）。第四，除尘器在烟温70 ℃情况下，能够连续运行。

（3）结构形式和布置方式选择。

① 湿式电除尘器结构形式论证。湿式电除尘器结构形式主要有板式和管式两种。其中，管式按照极线结构形式分为线性电极电除尘器和刚性电极电除尘器。电极材质主要有PVC、FRP、衬铅或合金材料。其一，板式湿式电除尘器。板式湿式电除尘器结构形式与干式电除尘器结构形式相同，不同之处在于清灰方式。板式湿式静电除尘采用冲洗水清灰，干式电除尘器采用机械振打清灰。阳极系统包括阳极板、上部阳极悬挂装置等。阳极板采用1.0～1.5 mm耐腐蚀合金钢平板材料（如2205或1.4469）；阴极系统由阴极线、阴极框架和阴极吊挂装置等组成，我国常见阴极线形式有管型芒刺线、星形线、锯齿线、螺旋线、鱼骨针刺线等；根据阴阳极选择不同材质，冲洗方式分为间歇式冲洗和连续冲洗。板式湿式电除尘器的特点是结构紧凑、运行可靠、维护方便、占地空间大、耗材多、处理烟气量大、清灰喷淋布置较复杂。板式湿式静电除

尘器被广泛地应用于冶金、建材等行业的煤气净化处理系统。其二，管式湿式电除尘器。国内外管式湿式电除尘器主要根据收尘极结构形式划分为圆管式、方管式、蜂窝管式（正六边形）。其中，方管式存在大量的电场空穴、收尘面积有效利用率较低、水膜形成均匀性差等缺点，圆管式单位体积内有效收尘面积不能最大化利用等缺点，主要被应用于化工等行业来处理较小的烟气量。蜂窝管式（正六边形）结构较好地结合圆管和方管结构的优点，应用范围较广。其三，湿式电除尘器结构形式比较。板式湿式电除尘器、管式湿式线性电极电除雾器、管式湿式刚性电极电除雾器结构形式比较见表2.24。

表2.24　结构形式的比较

项目	板式电除雾器	管式电除雾器	
		蜂窝管+线性电极	蜂窝管+刚性电极
优点	维护方便，适合新建项目	结构紧凑，空间利用率高，重量轻，耗材少	结构紧凑，重量轻，耗材少，烟气量大，维护频率低，适合已建场地紧张项目
缺点	占地大，耗材多，成本高，维护频率高	易断线，维护量大，流速较低	换极线较难
结构形式	卧式 收尘极：平板 放电极：芒刺线等	立式 收尘极：蜂窝正六边形 放电极：不锈钢丝或合金钢丝	立式 收尘极：蜂窝正六边形 放电极：碟片柱式
烟气流速/($m\cdot s^{-1}$)	0.8～2.0	<2.0	<4
占地空间	较大	较大	较小
烟气压力/Pa	200	300	300
安装情况	安装工序多，施工难度较高	组合件模块化，安装较易	组合件模块化，安装较易
维护情况	可更换维护收尘极板与极线较易	极线易断裂，维护量大	维护量小、更换放电极较难

② 湿式电除尘器布置方式论证。目前，在国内外电厂湿法脱硫后布置的湿式电除尘器实际工程应用中，有以下三种布置形式。一是垂直烟气流独立布置。调研发现，通常湿式电除尘器采用垂直烟气流向，这时湿式电除尘器可垂直烟气流独立布置，也可与其他设备组合布置。在化工和冶金行业等应用的湿式电除尘器一般采用垂直烟气流独立布置（见图2.9），这种设计便于安装和解列维修，但其需要额外的布置空间。二是水平烟气流独立布置。早期，日本火力发电厂湿法脱硫后湿式电除尘器采用水平烟气流独立布置较多，此种湿式电除尘器布置方式与传统的卧式干式电除尘器类似，

结构布置见图2.10。采用连续喷淋，并在喷淋水中加入NaOH或$Mg(OH)_2$，使除雾器内部腐蚀程度降低。一般前电场的清洗水采用循环水，后电场引入新水。该布置方式占地空间大、耗水量大。三是垂直烟气流与WFGD的整体式布置。2000年以后，较早采用湿式石灰石-石膏法脱硫系统的加拿大电厂（315 MW机组），采用的湿式电除尘器对吸收塔除雾器进行改造，即将湿式电除尘器布置在吸收塔的上方，并替代原有的机械除雾器，这种方式使成本和运行费用大大最低，且占地面积也很小。随着新型导电非金属材料被广泛地应用于收尘极，装置整体荷载减轻，更易于和吸收塔整体布置。

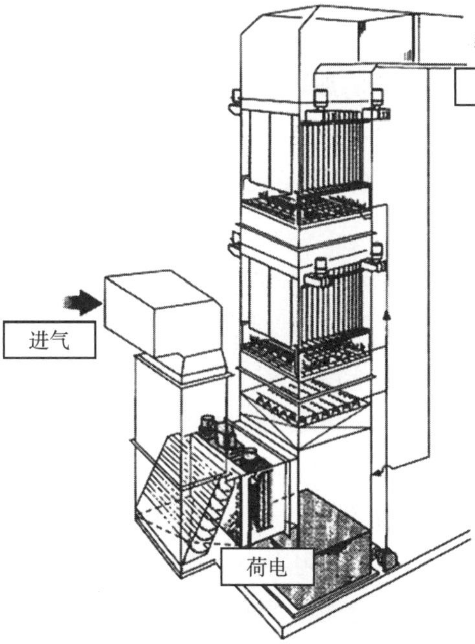

图2.9　垂直烟气流独立布置形式图

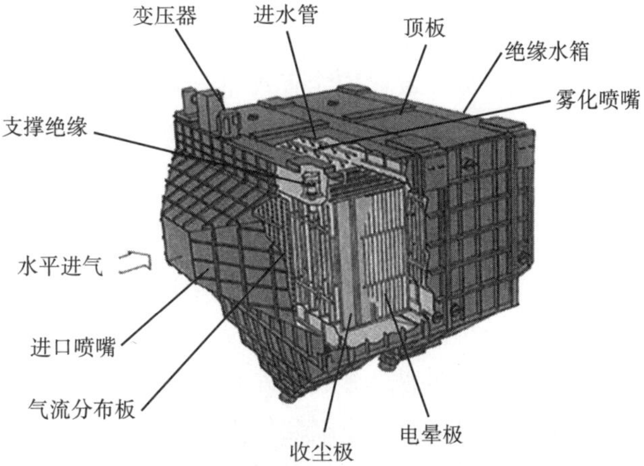

图2.10　水平烟气流独立布置

③ 小结。通过对湿式板式电除尘器、管式电除尘器的结构形式和布置方式的调研对比，板式和管式湿式电除尘器均可应用于FGD脱硫后尾气处理，但在相同机组、相同脱除效率下，采用管式湿式电除尘器。烟选取气流速较高、体积较小、重量较轻、维护工作量小；板式和管式湿式电除尘器均既可以与FGD整体布置，也可以独立布置。管式湿式电除尘器由于设计烟气流速更高、结构更紧凑，国外应用于火电厂湿法脱硫后的湿式电除尘器项目中，后期投运的项目采用管式湿式电除尘器应用较多。结合本项目现场空间位置及施工条件，湿式电除尘器采用管式垂直烟气流布置，进气方式为上进下出，即脱硫烟气从除尘器顶部进入电场，烟尘净化气液分离后，由底部排入烟囱。

（4）主要部件设计的论证。

① 本体部分。脱硫装置处理后的烟气进入湿式电除尘器，经过湿式电除尘电场净化后，通过烟囱排放。湿式电除尘器采用喷淋水进行清灰处理，冲洗后的灰水进入循环喷淋水箱，通过检冲洗水箱pH值，加入NaOH溶液调节酸碱度，湿式电除尘器排出的废水作为吸收塔补给水。

湿式电除尘器本体（顺烟气流）包含烟气均布装置、电极限位装置、高压电场（烟气净化区域）、电极悬挂装置、绝缘箱及热风密封装置、高压电源装置、壳体和净烟气出口烟道、气液分离装置等，各部件设计的主要要求包括以下八个方面：一是壳体密封、防雨、防腐蚀，壳体设计尽量避免死角或灰泥积聚区，且顶部不积水，保证壳体长期运行不变形。二是气液分离装置阻力小，汇集的灰水流动性好，无沉淀和结构，防腐性好。三是湿式电除尘器的入孔直径不小于600 mm，矩形入孔门不小于450 mm×600 mm。四是烟气均布装置，阻力小、烟气分布均匀、无腐蚀。五是阳极系统采用正六边形导电非金属材料组合而成，内壁光滑无毛刺、上下端口平整、固定端易于调整，组合件刚度、内壁导电性符合国家相应标准。六是放电极、电极吊架、电极限位装置材质为耐腐蚀合金钢，放电极刚性好、起晕电压低、易于固定和调整，电极吊架和电极限位装置与放电极连接部位光滑无毛刺、易于固定和调整。七是喷嘴布置合理，收尘极表面和气液分离装置均能有效冲洗干净。八是绝缘箱及热风密封装置要求不结露、完全隔断饱和湿烟气与绝缘子接触，保证电场不爬电、运行正常稳定。

② 保护风系统。保护风系统的作用为隔断和密封湿式电除尘器内湿烟气与悬挂电极的绝缘子。保护风电加热器为恒温控制，送入绝缘箱连接段风压和温度均高于除尘器内湿烟气温度和压力，保证热风吹扫绝缘子不结露、干燥和洁净。热风吹扫管路及绝缘子室设有保温措施。

③ 循环冲洗水系统。循环冲洗水由冲洗水箱经冲洗水泵送入湿式电除尘器相应的喷淋管道，通过喷嘴冲洗放电极、收尘极和气液分离装置收集烟尘，冲洗过后的水经湿式电除尘器汇集槽与回水管道，过滤后，进入冲洗水箱。水箱中的NaOH饱和溶液

经加药水进入喷淋水箱和相应管路，用以调节喷淋水箱冲洗后的pH值。此外，定期需对冲洗水箱中的水质进行检测，在补充新鲜水的同时，外排部分废水至脱硫废水系统。

④ 工业水消耗。湿式电除尘器清洗水由两部分组成：一部分是从工艺水补充来的冲洗水，另一部分是从烟气中收集的液态水回流的循环水，总的清洗水量为30 t/h。循环水因水中含尘量的增加，需要不断地向外排出，其循环水外排水量为32 t/h。循环水中最大含尘量可达到2000 mg/L，可以保证循环水中含尘量不超标。每台除尘器需供水30 t/h，按照机组年利用不小于5000 h计算，每台除尘器每年耗水15.0×104 t（脱硫系统可再利用，实际无消耗）。

⑤ NaOH消耗。湿式电除尘器布置在脱硫系统后，烟气中的SO_3微液滴被集尘极捕获后，进入湿式电除尘器的循环水系统。溶于水的SO_3具有强酸性，会对湿式电除尘器内部与水相接触的部件产生强腐蚀性，因此必须中和冲洗水的酸性。本设计向循环水中加入NaOH，以中和水的酸性，保持循环水的pH值为6～8。根据计算，每台除尘器需加入20 kg/h的NaOH，机组每年利用时间以5000 h计算，则每年每台除尘器需要100 t NaOH。

⑥ 电气及控制。本部分为湿式电除尘器供电系统，两台机组供电及设备布置已统一考虑。一台炉设一台1250 kVA干式供电变压器，正常运行时，两台干式变压器分别为相应机组湿式电除尘器及辅助设施供电，当一台干式变压器发生故障时，切换至另一台干式变压运行。单台炉计算负荷为587 kVA，每小时功耗为505 kWh。电源要求是当电源电压、频率在下列范围内变化时，所有电气设备和控制系统应能正常工作，交流电源（-15%～+15%）Ue、频率（50±2%）Hz可以长期工作，当电压在-22.5%Ue、时间不超过1 min时，不应造成设备事故；电源可允许的最大不平衡负荷为5 kVA，设计上尽量使电源的三相负荷保持平衡；各控制柜进线断路器要求能切断50 kA的极限短路电流。高压供电控制装置采用HLP型恒流高压直流电源设备，具备远程控制、能量管理、友好的人机界面、故障报警实时显示出相应的反映功能。恒流高压直流电源具有以下特点：能使电场充分电晕，不容易转化为贯穿性的火花击穿，运行电压和电晕电流均较高；电压自动跟踪特性好，当烟气浓度增加时，电场的等效阻抗也随之增大，这时二次电压能自动上升；无复杂的电子线路和接插件，电磁兼容性好，不怕外界干扰，同时不干扰其他电器和电网，运行可靠；对于高压持续短路和突发短路（电场的频繁拉弧放电），不会烧坏任何元件，而且当放电消失后，电场电压恢复迅速；具有快速过电压保护功能，响应时间不大于1 ms，保护动作停机后，现场有声光报警，提醒操作人员；故障检测及保护功能，包括门开关故障报警和过电压报警。发生故障后，电源立即停机，并在人机界面上显示相应的文字报警信息；故障被排除，报警信息会自动消失；防护等级达到IECIP30，绝缘等级为F级。所采用的

电机均须符合国家标准；所选用的电机型式必须与它所驱动的设备、运行方式和维修要求相适应；电机的堵转电流不超过电机额定电流的6倍；电机满足80%以上全电压启动，并能经受相应的热应力和机械应力。

⑦ 控制方案。湿式电除尘器电源控制、其他辅助设备检查及控制均采用可编程序控制器（PLC）。该系统包括高、低压控制设备，集中智能管理器，上位计算机等，能够完成现场数据采集和自动控制功能。湿式电除尘器需新增1台PLC控制柜及就地一次设备，并配套相关模件，以达到对湿式电除尘器进行自动控制和监控的要求。新增上位机设置于原脱硫除尘控制室。设计冲洗管路压力检测、湿式除尘器出口烟尘浓度检测、绝缘箱压力和温度检查、液位与pH值检测、高压电源、电机及阀门等启停控制和联锁、温度报警等连锁自动控制。PLC控制系统应保证两路供电电源，且PLC系统应冗余配置，以保证PLC系统的稳定运行。每一台PLC应配备一套满足PLC系统稳定运行的UPS系统。考虑该地区冬季严寒等特殊性，要求测量表计应设有保温箱或引入室内；电动阀等安装应统一布置，同时考虑防冻保温问题。本次改造新增控制柜及上位机系统统一放置在原脱硫除尘集中控制室内。

⑧ 土建及构筑物。建构筑物的设计满足国家最新或现行的有关标准、规范和规定及现行的电力行业标准。土建结构所需水泥、骨料、砖、钢材、型钢、焊条、螺栓、油漆等材料均遵守国家和行业标准。所有钢筋混凝土结构构件混凝土等级不低于C30，所有地下沟、坑、池的混凝土等级不低于C30，防水混凝土抗渗等级不低于S6，设备基础、基础的混凝土等级不低于C30，设备基础二次灌浆采用无收缩混凝土灌浆料。除尘器框架为新建钢结构框架，采用独立基础。拆除原有净烟道混凝土框架。电气设备房间利用除尘器框架，布置于除尘器下方，采用轻钢加夹心保温板维护结构；采用中空（6+5+6）玻璃塑钢窗，根据规范要求设置防火门。

（5）湿式电除器布置位置（见图2.11）。湿式电除尘器布置在原脱硫装置后，并与之串联。脱硫装置处理后的烟气进入湿式电除尘器，经过静电除尘、除雾后，通过烟囱排放。湿式电除尘器采用喷淋水进行清灰处理，清灰后的灰水进入循环喷淋水箱，喷淋水箱通过加入NaOH溶液调节pH值，湿式电除尘器排出废水作为吸收塔补给水。

图2.11　湿式电除尘器布置位置

（6）主要性能指标。湿式电除尘器主要性能指标见表2.25所示。

表2.25　性能技术数据表（单台炉）

序号	项　目	单位	设计煤种
1	型号		
2	除尘器台数		1
3	室数/台除尘器		1
4	电场数		1
5	阳极板型式及材质		导电玻璃钢
6	管径	m	内切圆300
7	长度	m	5.5
8	阴极线型式及材质		2205
9	有效截面积	m^2	138
10	总集尘面积	m^2	10197
11	烟气速度	m/s	3.4
12	EP外形尺寸	m	12.9 m × 14.5 m × 15.9 m（高）
13	壳体设计压力	kPa	2
14	电源/台数		4
15	喷淋水量	t/h	30
16	本体压力	Pa	≤250
17	整流变压器数量	台	4
18	工业补充水量	t/h	30
19	外排废水量	t/h	32
20	NaOH	kg/h	20

2.4.4.3　主要设备清单

主要设备清单见表2.26。

表2.26　主要设备材料清单

序号	名称	规格及型号	单位	数量	备注
1	工艺系统				
1.1	本体				
1.1.1	壳体（含各支撑架、支撑梁）	Q235B+衬鳞片	套	1	

表2.26（续）

序号	名称	规格及型号	单位	数量	备注
1.1.2	集尘管系统（含阳极）	蜂窝式	套	1	
1.1.3	电晕极系统（含框架）	非均匀刚性电极	套	1	
1.1.4	绝缘箱		套	1	
1.1.5	收尘极密封		套	1	
1.2	冲洗喷淋系统		套	1	
1.3	管道		套	1	
1.4	阀门		套	1	
1.5	暖通设备		套	1	
1.6	保温、油漆和防腐		套	1	
2	电气系统				
2.1	供配电系统				
2.1.1	电除尘MCC段开关柜				
2.1.1.1	干式变压器		套	1	
2.1.1.2	进线柜	MNS式开关柜	台	1	
2.1.1.3	馈线柜	MNS式开关柜	台	4	
2.1.1.4	恒流高压直流电源		套	4	
2.1.1.5	高压隔离开关		套	4	
2.1.1.6	电加热器		套	4	
2.2	电缆				
2.2.1	0.4 kV动力电缆		套	1	
2.2.2	控制电缆		套	1	
2.3	电缆构筑物		套	1	
2.4	照明系统		套	1	
2.5	检修系统		套	1	
2.6	接地系统		套	1	
2.7	安装材料		套	1	
3	仪控系统				
3.1	湿式电除尘器系统				

表2.26（续）

序号	名称	规格及型号	单位	数量	备注
3.1.1	压力表		套	1	
3.1.2	压力变送器		套	1	
3.1.3	双金属温度计		套	1	
3.1.4	热电阻		套	1	
3.1.5	液位变送器		套	1	
3.1.6	磁翻板液位计		套	1	
3.1.7	雷达波液位计		套	1	
3.1.8	pH计		套	1	
3.2	控制系统				
3.2.1	WESP PLC系统		套	1	
3.2.2	仪表电源柜		组	2	
3.3	电缆		套	1	
3.4	安装材料		套	1	
3.5	烟气分析仪		套	2	

2.4.4.4　专题说明

（1）防冻。由于该厂地处北方，冬季较为寒冷，极端气温低至-36.3 ℃，在设备、材料选型时，应选用耐低温、抗严寒的材料；同时，在设计时，应采取下列措施确保设备、系统正常运行和检修。① 湿式电除尘器本体外壳采用外保温加铝合金护板。② 烟道采用外保温加铝合金护板。③ 水系统管道采用电伴热、外保温加铝合金护板。④ 箱罐、泵布置室内，增加取暖设施。⑤ 选用耐低温电缆。⑥ 风管采用外保温加铝合金护板。

（2）防腐。由于湿式电除尘器内部介质为脱硫吸收塔出口湿烟气，烟气中含SO_3，HCl，HF等腐蚀物质，且冲洗水中含较高的Cl^-，以上物质会对除尘器内部造成极大的腐蚀，因此，需采取以下措施对除尘器内部进行防腐蚀处理。① 除尘器壳体及烟道采用玻璃钢鳞片防腐。② 收尘极（阳极）采用导电玻璃钢。③ 放电极（阴极）及吊架采用2205耐腐蚀合金材料。④ 收尘极（阳极）支撑梁采用玻璃钢鳞片防腐。⑤ 气流分布装置采用2205耐腐蚀合金材料。⑥ 灰水收集装置采用玻璃钢材料。⑦ 冲洗水系统管道、阀门采用橡胶内衬。⑧ 冲洗水泵壳体采用衬胶，叶轮选用耐腐蚀合金材料。⑨ 箱罐采用玻璃钢鳞片或衬胶防腐。⑩ 电源进线箱采用玻璃钢鳞片防腐，并补充热风。⑪ 检修孔采用玻璃钢鳞片防腐。除此之外，冲洗水采用NaOH溶液调节，将pH值控制在4~6，冲洗水氯离子含量控制在10000 mg/L以下。

（3）防堵。循环水冲洗系统设置在线自动过滤装置，同时检测循环冲洗水箱氯离子和含固量，控制废水排放，保证循环冲洗水含固量不大于2800 mg/L；冲洗水水质控制在弱酸性，防止喷嘴结垢堵塞。

（4）防磨。喷嘴的设计使用寿命大于一个大修周期，保证5年内能正常使用。通过控制冲洗水含固量，减少磨损。

2.4.4.5 其他需要说明的问题

湿式除尘器改造导致锅炉烟风系统阻力增加。

湿式除尘器改造成锅炉烟气系统阻力增大，这就需要吸风机有足够的压头来克服阻力。相对于原风烟系统，湿式电除尘器改造导致的运行压差提高了350 Pa的压头，这个额外增加的压头就需要提高引风机的工作压头来抵消。

经测试，现阶段吸风机没有足够的裕量。电除尘器改造后，在引风机最大输出风力下，锅炉蒸发量可达820 t/h，与电厂常规煤种最大锅炉蒸发量相近。

2.5 电气部分

2.5.1 电气系统

采用不同方案进行除尘器改造后，电负荷增加情况（单台炉）如下。

采用本体扩容（方案一）改造后，一、二电场整流变压器改造为高频电源，三、四、五电场仍为整流变压器，电负荷增加了67.2 kW。电负荷增加量较小，因而不需要对高压厂用变压器及除尘变压器进行改造。

采用电袋复合除尘器（方案三）改造后，由于拆除了三、四、五电场的整流变压器，整流变压器数目由20台变为8台，拆除后三电场绝缘子加热设备、振打设备，电负荷共减少了1218.2 kW，空压机及配套设备导致功率增加320 kW，吸风机运行功率增加666.7 kW。因此，改造后单台炉电除尘器功率减少231.5 kW。因而不需要对除尘器变压器进行改造。

湿式电除尘器+静电除尘高频电源改造（方案四）改造后，一、二电场整流变压器改造为高频电源，三、四、五电场仍为整流变压器，静电除尘器部分电负荷未增加，湿式电除尘器负荷增加了505 kW，因系统阻力增加，风机负荷增加约为200 kW。因此，新增一炉一台1250 kVA干式变压器及相应的配电设施，两炉共计2台。

2.5.2　电气接线

采用本体扩容（方案一）改造。电除尘区高压整流设备及高压控制柜整体更换为高频电源（每台炉4个）；电气接线采用单母线。

采用电袋复合除尘器（方案三）改造。将改造为1电1布式电袋复合除尘器，除尘本体的电控设备新增，整流变压器利旧，前级一电场大小框架和极板极线全部利旧。改造后的电袋除尘耗电远小于原电除尘器负荷。因此，原有电除尘变压器容量及配电装置均无需改造。电除尘区高低压系统、除尘器高压硅整流变压器利用现有设备；电气接线采用单母线；除尘器接地不做修改。

湿式电除尘器+静电除尘高频电源（方案四）改造。静电除尘区高压整流设备及高压控制柜整体更换为高频电源（每台炉8个）；湿式电除尘器新增一炉一台1250 kVA干式变压器及相应的配电设施；电气接线采用单母线。

2.5.3　电缆及相关设施

从配电间至电除尘器本体均采用电缆桥架，电缆从电缆夹层引出、自电控室至除尘器本体。

所有电气设施的接地均与电厂原接地网连接，控制室计算机系统采用独立接地装置。

电缆竖井、夹层出口处及屏下孔洞等，均采用电缆防火设施。

2.6　控制部分

2.6.1　控制方案

采用方案一——电气控制利用原有电除尘器，仅进行补充。

采用方案三——电除尘器部分和布袋装置均采用PLC。该系统包括高、低压控制设备，集中智能管理器，上位计算机等，能够完成现场数据采集、自动控制功能。

每台炉需新增1台PLC控制柜及就地一次设备，并配套相关模件，使之达到对袋式除尘器进行自动控制和监控的要求；用通讯方式接入原有电除尘器上位机。

设计进出口温度检测、除尘器出口烟尘浓度检测、除尘器压差检测、烟道压力检测、清灰系统压力检测、滤袋脉冲阀控制（定时、定时+定压）、袋区温度报警。

设置浓度计测试除尘器出口烟尘的浓度，信号接入电袋除尘器PLC控制系统。

PLC控制系统应保证两路供电电源，且PLC系统应冗余配置，以保证PLC系统稳定运行。每一台PLC应配备一套满足PLC系统稳定运行的UPS系统。

由于拆除了电除尘器的三、四、五电场，因此需对原电除尘低压加热柜控制点和控制元件进行修改。

对原上位机及PC机逻辑进行修改，增加新增设备的控制逻辑组态。

考虑本地区冬季寒冷的特殊性，要求测量表（计）应设有保温箱或引入室内；脉冲电磁阀安装应统一布置，同时考虑防冻保温问题；脉冲电磁阀安装位置就地应设集中接线箱。

除灰部分仍利用原除灰控制系统。控制逻辑的完善随着改造要求同步进行。

采用方案四：

湿式电除尘器电源控制及其他辅助设备检查及控制均采用PLC。该系统包括高、低压控制设备，集中智能管理器，上位计算机等，具备完成现场数据采集及自动控制功能。湿式电除尘器需新增1台PLC控制柜及就地一次设备，并配套相关模件，并达到对湿式电除尘器进行自动控制和监控的要求。新增上位机设置于原脱硫除尘控制室。

设计冲洗管路压力检测、湿式除尘器出口烟尘浓度检测、绝缘箱压力及温度检查、液位及pH值检测、高压电源、电机及阀门等启停控制和联锁、温度报警等连锁自动控制。

PLC控制系统应保证两路供电电源，且PLC系统应冗余配置，以保证PLC系统稳定运行。每一台PLC应配备一套满足PLC系统稳定运行的UPS系统。

考虑该地区冬季严寒等特殊性，要求测量表（计）应设有保温箱或引入室内；电动阀等安装应统一布置，同时考虑防冻保温问题。

本次改造新增控制柜及上位机系统统一放置在原脱硫除尘集中控制室内。

2.6.2 控制间的布置

本次改造工程利用原电除尘器控制间。湿式电除尘器相关配电设备单独设立配电房间。

2.7 环境保护

2.7.1 改造前治理措施

（1）烟气排放。每台锅炉配备两台双室五电场的静电除尘器，设计效率为99.90%，实际运行效率为99.67%。除尘器后配套石灰石–石膏湿法脱硫设备，脱硫设计效率为95.00%。

（2）噪声。现有的除尘和输灰系统均采取消声和隔声措施。

（3）灰渣综合利用。根据《粉煤灰综合利用管理办法》（国经贸节〔1994〕14号），锅炉所排放的灰渣可用于道路工程、回填材料、烧结砖、水泥、混凝土及其掺和料等方面，电厂与当地公司签订了灰渣综合利用协议。

（4）环境管理及监测。电厂生产技术处已设环保专责工程师一名，负责日常管理工作。该厂现设有环境监测站，有专责监测人员，并配备监测设备，具备日常环境监测和管理能力。

2.7.2　改造前后环境效益

将该厂原有的实际运行效率为99.65%的静电除尘器提效为99.93%以上后，改造前后锅炉的烟尘排放情况见表2.27。

表2.27　除尘器改造前后烟尘排放情况（单台炉）

序号	项目	单位	除尘器		
			改造前	改造后（方案一/方案三/方案四）	改造后增加量（方案一/方案三/方案四）
1	进口烟尘浓度	g/Nm³	62.8	62.8	0
2	除尘效率	%	99.67	99.93/99.95/99.97	0.26/0.28/0.30
3	烟尘排放浓度	mg/Nm³	205.3	45.0/30/20	−160.3/−175.3/−185.3
4	烟气量	Nm³/ h	1144000	1144000	0
5	烟尘小时排放量	kg/h	234.9	51.5/34.3/22.88	−183.4/−200.6/−212.01
6	烟尘年排放量	t/a	1174.3	257.4/171.6/114.4	−916.9/−1002.7/−1059.9

注：锅炉年利用小时数按照5000 h计算。

由此可知，电除尘器改造后，烟尘排放浓度低于45 mg/Nm^3（方案一）、30 mg/Nm^3（方案三）、20 mg/Nm^3（方案四），烟气经过脱硫系统后，可以满足环保标准要求，改造后烟尘排放量有显著的减少。在不考虑脱硫系统的情况下，改造前单台炉烟尘年排放量为1174.3 t，改造后单台锅炉烟尘年排放量为257.4 t（方案一）、171.6 t（方案三）、114.4 t（方案四），每年可减少烟尘排放量约916.9 t（方案一）、1002.7 t（方案三）、1059.9 t（方案四），除尘器改造后可以很好地改善电厂周围的大气环境，有利于对全厂污染物排放总量的控制。

2.8　工程改造投资概算与经济效益分析

2.8.1　工程改造投资概算

2.8.1.1　工程规模

本项目是老厂大气污染环保改造工程，建设规模为2×300 MW燃煤机组锅炉静电除尘器增效改造工程。

本工程为2×300 MW机组电除尘器增效与湿式电除尘器改造工程，进行方案筛选后，最终拟订三个方案，投资费用分别如下（见表2.28）。

表2.28 除尘器主体改造费用构成表 单位：万元

序号	项目	方案一（除尘器扩容）	方案三（电袋复合除尘器）	方案四（湿式电除尘器）
1	设备材料费	2886.00	3283.00	4352.1
2	安装工程费	1093.00	631.00	1635.14
3	建筑工程费	176.00	73.00	209.53
4	其他费	491.47	399.43	758.18
5	工程费用	87.66	77.60	216.08
6	业主费用	403.81	321.82	542.10
7	静态费用	4646.47	4386.43	6958.95
8	动态费用	4772.85	4505.06	7110.75

方案一：除尘器本体扩容，一、二电场改装高频电源

本方案的投资概算如下（2台炉）。

采用本扩容改造方案（方案一）时，工程静态投资为4647万元，单位投资为77元/千瓦，建设期贷款利息为126万元；工程动态投资为4773万元，单位投资为80元/千瓦。工程静态投资中，建筑工程费为176万元，占静态投资的3.79%；设备购置费为2886万元，占静态投资的62.10%；安装工程费为1093万元，占静态投资的23.52%；其他费用为492万元，占静态投资的10.59%。

方案三：电袋复合除尘器

该方案的投资概算如下（2台炉）。

采用本扩容改造方案（方案三）时，工程静态投资为4386.43万元，单位投资为73.1元/千瓦，建设期贷款利息为118.64万元；工程动态投资为4505.07万元，单位投资为75.1元/千瓦。工程静态投资中，建筑工程费为73万元，占静态投资的1.66%；设备购置费为3283万元，占静态投资的74.84%；安装工程费为631万元，占静态投资的14.39%；其他费用为399.43万元，占静态投资的9.11%。

方案四：采用本体新增湿式电除器改造

该方案的投资概算如下。

工程静态投资为6954.95万元。其中，湿式电除尘投资为6092.51万元，电控改造（高频电源）投资为437.44万元，输灰系统改造投资为429万元，单位投资为116.0元/千瓦。动态投资为7110.75万元，单位投资为118.51元/千瓦。工程静态投资中，建筑工程费为209.53万元，占静态投资的3.01%；设备购置费为4352.1万元，占静态投资的62.58%；安装工程费为1635.14万元，占静态投资的23.51%；其他费用为758.18万元，占静态投资的10.90%。

2.8.1.2　主要设备价格表

本期工程除尘器主要设备价格构成见表2.29，其他费用见表2.30。

表2.29　除尘器主要设备价格构成表　　单位：万元

序号	项目	方案一（除尘器扩容）	方案三（电袋复合除尘器）	方案四（湿式电除尘器）
1	工程本体	4004.71	3928.55	6200.77
1.1	干式除尘电源改造	3296.12	3674.93	807.82
1.1.1	输灰系统改造	396.00	457.34	400.00
1.1.2	除尘器扩容	2900.12	0.00	0.00
1.1.3	原有除尘器修复	0.00	195.84	0.00
1.1.4	布袋区设置	0.00	2888.62	0.00
1.1.5	其他设备材料	0.00	16.13	0.00
1.1.6	空气压缩机系统	0.00	117.00	0.00
1.1.7	干式除尘电源改造	0.00	0.00	407.82
1.2	湿式电除尘器系统	0.00	0.00	3934.18
1.3	电气系统	534.16	43.06	1428.77
1.4	热控系统	86.43	129.56	0.00
1.5	编制年价差	88.00	81.00	30.00

注：以上价格均含建安费。

表2.30　除尘器其他费用构成表　　单位：万元

序号	项目	方案一（除尘器扩容）	方案三（电袋复合除尘器）	方案四（湿式电除尘器）
1	其他费	491.47	399.43	758.18
1.1	建设场地清处费	40.00	24.00	30.00
1.2	项目管理费	85.00	57.89	119.38
1.3	项目建设技术服务费	180.95	149.56	282.73
1.3.1	项目前期	50.00	50.00	19.32
1.3.2	知识产权	0.00	0.00	65.2
1.3.3	设备成套技术服务费	0.00	0.00	13.1
1.3.4	设计费	50.00	50.00	133.27
1.3.5	设计文件评审费	8.00	8.00	8.00

表2.30（续）

序号	项目	方案一（除尘器扩容）	方案三（电袋复合除尘器）	方案四（湿式电除尘器）
1.3.6	项目后评价费	20.00	20.00	40.00
1.3.7	项目监测费	52.95	21.56	3.62
1.3.8	电力建设标准编制管理费	0.00	0.00	2.00
1.3.9	电力工程标准编制管理费	0.00	0.00	2.17
1.4	调试及试运费	37.66	27.60	67.93
1.4.1	调试费	7.40	7.40	29.99
1.4.2	启动耗材费	0.00	0.00	7.32
1.4.3	启动调试费	8.00	8.00	21.99
1.4.4	施工企业调试费	22.26	12.20	10.63
1.5	生产准备费	15.09	15.00	53.1
1.6	基本预备费	132.77	125.38	201

2.8.2 经济效益分析

经济效益分析基础数据。① 机组年利用时间按照5000 h计。② 年运行维护材料及人工费均按照设备费用的0.5%计算。③ 耗品电（0.4142元/千瓦）。④ 单台炉年减少粉尘排放为916.9 t以上，烟尘排污缴费按照0.275元/千克计。⑤ 资产折旧按照折旧年限为15年、残值率为5%，采用直线折旧法计算。

除尘器运行成本包括固定的运行与维护费用、主设备更换费用及电耗等，改造后单台炉除尘器年增加运行费用见表2.31。

表2.31 改造后除尘器年增加运行费用（单台炉） 单位：万元

序号	内容	单位	方案一	方案三	方案四
1	运行电耗费用增加	万元	27.7	−33.9	151.1
2	检修维护费用增加	万元	0	0	0
3	易损件更换费用	万元	0	188.4	5
4	NaOH消耗费用	万元	0	0	38
5	合计费用	万元	27.7	154.5	194.1

电除尘器改造工程的经营成本包括运行与维护、设备折旧费用及还贷利息。单台炉除尘器经营成本分析见表2.32。

表2.32　经营成本分析（单台炉）

序号	项目	单位	方案一 （除尘器扩容）	方案三 （电袋复合除尘器）	方案四 （湿式电除尘器）
1	增加运行费用	万元/年	27.7	154.5	194.1
	折旧费用	万元/年	147.1	138	212.2
	还款利息	万元/年	63.2	59	73.2
	总经营成本	万元/年	238.0	351.5	479.4
2	粉尘减排量	吨/年	916.9	1002.7	1059.9
	减少排污费	万元/年	25.2	27.6	29.15
3	除尘电价补贴	万元/年	300.0	300.0	300.0
4	扣除排污费用及除尘电价补贴后经营成本	万元/年	−87.2	24.4	150.3
5	粉尘减排成本	元/千克	−0.95	0.24	1.42
6	发电成本增加	元/千瓦时	−0.00058	0.00016	0.00100

注：还贷期为1～10年，资产折旧期为1～15年。

除尘器扩容方案（方案一）：通过实施该改造项目，单台炉每年粉尘排放将减少916.9 t，每年减少排污费为25.2万元，去除少缴的排污费和除尘电价补贴后，单台炉除尘器扩容年赢利为87.2万元，粉尘减排赢利为0.95元/千克，发电成本减少0.00058元/千瓦时。

电袋除尘器方案（方案三）：通过实施该改造项目，单台炉每年粉尘排放将减少1002.7吨，每年减少排污费为27.6万元，去除少缴的排污费和除尘电价补贴后，单台炉除尘器扩容年经营成本为24.4万元，粉尘减排成本为0.24元/千克，发电成本增加0.00016元/千瓦时。

湿式电除尘器方案（方案四）：通过实施该改造项目，单台炉每年粉尘排放将减少1059.9 t，每年减少排污费为29.15万元，去除少缴的排污费和除尘电价补贴后，单台炉除尘器扩容年经营成本为150.3万元，粉尘减排成本为1.42元/千克，发电成本增加0.00100元/千瓦时。

2.9　改造方案比较

2.9.1　综合性比较

本项目除尘器改造方式有三种：一是除尘器本体扩容，一、二电场改装高频电源

（方案一）；二是电袋复合除尘器改造（方案三）；三是湿式电除尘器+电控改造（高频电源）（方案四）。

末电场加装转动极板，一、五电场改装高频电源（方案二）难以保证除尘器出口粉尘浓度小于45 mg/Nm³。以下就本项目中的三种方案进行技术参数对比，改造后结果见表2.33。

表2.33　除尘器改造方案综合性比较（单台炉）

序号	项　目		本体扩容，一、二电场改装高频电源	电袋复合除尘器	湿式电除尘器+电控改造（高频电源）
1	除尘器除尘效率		≥99.928%	≥99.952%	≥99.968%
2	除尘器出口含尘量		≤45 mg/Nm³	≤30 mg/Nm³	≤20 mg/Nm³
3	除尘器本体压力		≤250 Pa	≤1200 Pa	≤250 Pa +350 Pa
4	运行电耗		2172.2 kW	1873.5 kW	2038 kW+505 kW+228 kW
5	年总运行费用	年电耗费用	447.7万元	386.1万元	571.1万元
		年维护费用	10万元	198.4万元	15万元
		年NaOH消耗费用	0	0	38万元
		合计运行费用	457.7万元	584.5万元	624.1万元
6	供货工期		3～4个月	3～4个月	3～4个月
7	施工工期		60 d	60 d	70 d
8	停炉时间		45 d	45 d	30 d
9	改造范围		施工安装工作量大	施工安装工作量大	施工安装工作量大
10	应用业绩		国内业绩多	国内业绩多	国内已有应用业绩
11	不同煤种下排放稳定性		不稳定	稳定	稳定
12	对粉尘理化特性敏感性		不敏感	不敏感	不敏感
13	对高温、高湿工况适应性		适应	适应	适应
14	对潜在酸碱度变化		适应	适应	适应
15	系统运行阻力		阻力低	阻力高	阻力低

2.9.2　经济性比较

2.9.2.1　除尘器运行功率比较

除尘器按照两种方案改造后运行功率对比见表2.34。

表2.34 改造后除尘器运行功率比较（单台炉）

序号	名称	单位	方案一	方案三	方案四
1	电控设备	kW	1939.2	748.8	2310
2	除尘器改造增加的风机运行功率	kW	0	666.7	228
3	绝缘子电加热	kW	120	48	120
4	阴、阳极振打	kW	38	15	38
5	灰斗电加热	kW	75	75	75
6	空压机系统功率	kW	0	320	0
	合计	kW	2172.2	1873.5	2771

除尘器采用除尘器本体改造、高频电源方案改造后运行功率为2172.2 kW，电袋复合除尘器改造后运行功率为1873.5 kW；湿式电除尘器+电控改造（高频电源）后运行功率为2771 kW。电袋除尘器改造运行电耗最低，湿式电除尘器+高频电源改造方案运行电耗最高。

2.9.2.2 运行费用比较

除尘器按照三种方案改造后的运行费用对比见表2.35。

表2.35 除尘器运行费用比较（单台炉）

序号	内容	单位	方案一	方案三	方案四
1	年电耗费用	万元	447.7	386.1	571.1
2	检修维护费用增加	万元	10.0	10	10.0
3	易损件更换费用	万元	0	188.4	5.0
4	年NaOH消耗费用	万元	0	0	38.0
合计运行费用		万元	457.7	584.5	624.1

注：机组年运行按照5000 h、电费按照0.4122元/度计。

表2.35说明，采用湿式电除尘器改造（方案四）、除尘器本体扩容（方案一）与电袋复合除尘器（方案三）年运行费用相比，每年运行费用方案四比方案三增加39.6万元，比方案一增加166.4万元。

2.9.3 方案推荐

2.9.3.1 各方案的主要优点

（1）电除尘器增容。优点是阻力增加较小，不影响风机出力；缺点是增加烟道支架载荷，煤种适应性较差，煤种一旦变差，很难保证除尘效率。

（2）电控系统（高频电源）。优点在于不增加阻力，不涉及除尘器本体及其他设备、基础的改造，投资小且节能；缺点是受煤种影响较大，排放稳定性不高。

（3）电袋复合除尘器。采用电袋除尘器，优点主要是在任何煤种下，都能够保证烟尘排放浓度稳定低于30 mg/m³，甚至低于20 mg/m³，不存在技术与政策风险；缺点是一次投资较大，烟气阻力增加大，会对引风机造成影响，改动范围较大，检修维护工作量也较大。

（4）湿式电除尘器+电控改造（高频电源）。优点主要是在任何煤种下，都能够保证烟尘排放浓度稳定低于20 mg/m³，不存在技术与政策风险；缺点是一次投资较大，烟气压力与改造前增加350 Pa，改动范围较大。

目前，我国燃煤机组配套电除尘器为主流，燃煤电厂湿式电除尘器发展很快，已经有数台300 MW机组的投运业绩，投运情况良好，不仅可以达到30 mg/m³标准，投运机组可以达到20 mg/m³以下；此外，已有多台600 MW等级机组签订了湿式电除尘器合同。

综合上述分析，以上三个方案各有所长。

2.9.3.2 其他指标

改造所能达到的技术指标、改造一次投资、改造复杂程度进行方案优选如下。

（1）技术指标。湿式电除尘器+高频电源优于电除尘器扩容+高频电源及电袋复合除尘器。

（2）达标排放稳定性。湿式电除尘器+静电除尘高频电源改造优于电袋复合除尘器和电除尘器扩容+高频电源。

（3）一次投资。湿式电除尘器+高频电源改造一次性投资较大。

（4）改造范围。湿式电除尘器+高频电源改造较大。

（5）运行成本。电袋复合除尘器优于湿式电除尘器+静电除尘高频电源改造。

（6）应用业绩。电除尘器扩容+高频电源优于湿式电除尘器+静电除尘高频电源改造和电袋复合除尘器。

考虑到本工程实际条件、达标排放的稳定性及一次投资等因素，工程推荐采用电袋复合除尘器+静电除尘改造（高频电源）技术方案。

案例3

350 MW燃煤锅炉高比电阻粉尘除尘器改造案例

3.1 概况

3.1.1 工程概况

3.1.1.1 锅炉概况

某电厂安装有2台350 MW机组，由英国Babcock and Wilcox制造的亚临界燃煤汽轮发电机组，电厂的主辅设备均从国外进口，2台炉分别于1998年底投入运行。

3.1.1.2 除尘器概况

（1）设计情况。电厂现有电除尘器为单室五电场静电除尘器，单台除尘器设计烟气量为1031220 m^3/h，驱进速度为6.42 cm/s，比集尘面积为73.34 $m^2/(m^3 \cdot s^{-1})$，设计除尘效率为99%，烟尘设计排放浓度为113.3 mg/Nm^3（按照进口烟尘浓度为11.33 g/Nm^3、除尘效率为99%进行计算）。

（2）运行现状。除电器的运行状态主要包括运行温度、烟尘排放浓度和排烟量等。

① 运行温度。对2号炉除尘器入口烟气温度进行了测试，结果显示，在机组处于最大运行负荷情况下，除尘器入口烟温平均为125 ℃，查询近两年机组运行数据，除尘器入口烟温极大值为145 ℃。② 烟尘实际排放浓度（除尘器出口、脱硫出口）。测试期间，在机组处于最大运行负荷情况下，2号炉除尘器出口烟尘实际排放浓度达到425 mg/Nm^3（除尘器10个供电分区中，有2个分区没有投运），经过初步测算，若所有供电分区均正常投入使用，则烟尘排放浓度也达至160 mg/Nm^3，达不到设计值（113.3 mg/Nm^3）。③ 实际烟气量。测试期间，除尘器入口最大烟气流量达到1007515 m^3/h（单台炉烟气量为2015029 m^3/h），在除尘器设计烟气流量（1031220 m^3/h）之内，即烟气量没有超出除尘器设计范围。

（3）除尘器效率下降的原因分析。该电厂于20世纪末投入运行。目前，电厂燃用煤种与设计值偏差很大，导致以下几点。① 电除尘器入口烟尘浓度较原设计值增大很多（现有设计煤种烟尘浓度为33.05 g/Nm^3，现有校核煤种烟尘浓度为28.65 g/Nm^3，原除尘器入口设计烟尘浓度为11.33 g/Nm^3）。② 电除尘器实际比集尘面积仅有72.78 m^2/(m^3·s^{-1})，对比同等级机组，电除尘器比集尘面积设计低较多，比集尘面积过低，导致电除尘器设计烟尘排放浓度与除尘效率设计指标较差，分别为113.3 mg/Nm^{3}和99%。③ 电场设计风速过高，原电除尘器设计风速为1.28 m/s，按照实测烟气量，电场计算风速约为1.26 m/s，为保证除尘器效率，应保证除尘器风速不大于1 m/s，除尘器电场风速过高，会导致除尘器内烟气停留时间变短，进而导致除尘器效率下降。④ 电厂燃用煤飞灰属于高硅（铝铁）、低钠、高比电阻型，飞灰中SiO_2+Al_2O_3的合计含量达87%～90%，由于二者含量太高，导致粉尘的黏度增加。因为SiO_2在高温下挥发、再冷凝，形成极细的微粉，Al_2O_3也常以极微细的高岭土粉体存在，不仅难收，而且会在极板和极线表面形成一层“黏膜”，如果振打力不足，将难以打落，导致除尘器工作恶化。除尘器飞灰中Na_2O和K_2O仅有2.31%，Na_2O和K_2O含量过低也会影响除尘器的收尘效果。飞灰比电阻（120 ℃）达到10^{12}～10^{13} Ω·cm，而除尘器对粉尘比电阻最为敏感，一般除尘器最适宜收集的比电阻在10^4～10^{10} Ω·cm范围内的粉尘，对高比电阻粉尘极易发生反电晕现象，促使电厂通道形成火化击穿，并造成电晕线电击断，进而使电除尘器供电单元供电失效，除尘器运行处于不稳定状态，严重地降低除尘效率。

具体表现为，该除尘器各个电场投入运行效果较差，二次电压过低。由表3.1可以看出，除尘器实际运行时，除2B1分区外，其余各电场分区二次电压均在50 kV以下，部分分区甚至在40 kV以下。据电厂检修人员反映，除尘器内部已经出现了大范围阴极线断裂及阳极板变形等现象，且极板极线积灰严重，这些现象都容易造成反电晕，极大地影响收尘效果。

表3.1　电除尘器运行记录

分区/通道	100%负荷		75%负荷	
	一次电流/一次电压/(A·V^{-1})	二次电流/二次电压/(mA·kV^{-1})	一次电流/一次电压/(A·V^{-1})	二次电流/二次电压/(mA·kV^{-1})
2A1	115/396	60/29	179/152	255/58.1
2A2	116/397	237/43	120/147	21/3.9
2A3	89/395	184/49.4	91/81	146/49.9
2A4	108/396	216/36.6	116/153	240/37.1
2A5	105/397	207/42.3	106/162	199/42.6
2B1	79/398	284/59.2	129/158	383/61.4

表3.1（续）

分区/通道	100%负荷		75%负荷	
	一次电流/一次电压 /(A·V^{-1})	二次电流/二次电压 /(mA·kV^{-1})	一次电流/一次电压 /(A·V^{-1})	二次电流/二次电压 /(mA·kV^{-1})
2B2	0/0	0/0	0/0	0/0
2B3	84/397	202/46.2	106/205	407/49.5
2B4	0/0	0/0	0/0	0/0
2B5	88/401	125/39.5	89/214	129/38.5

3.1.2 除尘器改造的必要性

3.1.2.1 除尘器改造是满足国家新的环保排放标准的重要举措

目前，电厂2台机组烟尘排放浓度均满足不了新标准的排放要求。因此，在新标准实施前，必须进行除尘器改造，保证烟尘排放浓度满足国家排放标准，适应国家发展规划的要求。

3.1.2.2 电厂主要燃用煤种不利于电除尘器收尘，电除尘器指标低

该电厂现有燃煤煤种（掺烧褐煤）相对原始煤种发生了很大的变化，主要燃用煤种为内蒙古准格尔煤，该煤种产生的飞灰属于高硅（铝铁）、低钠、高比电阻飞灰，不利于电除尘器收尘，飞灰中SiO_2+Al_2O_3的合计含量较高，电除尘器长时间运行后，容易造成反电晕，导致极板、极线损坏。且电厂原电除尘器设计指标偏低，比集尘面积偏小，因而现有电除尘器运行效率较低。

3.1.2.3 烟尘浓度过高影响脱硫系统安全稳定运行

根据现场实测，改造前电除尘器出口烟尘浓度为426 mg/Nm^3（部分分区不能投入时），烟尘浓度过高会影响脱硫系统正常运行，烟尘在脱硫剂中的浓度过大，导致浆液中毒，从而影响石灰石与SO_2反应，降低石灰石的利用率，进一步降低脱硫效率；此外，烟尘过高还会影响脱硫副产物的品质。因此，对电除尘器进行改造，提高除尘效率，降低烟尘排放浓度，也是脱硫装置稳定运行的必要条件。

综上所述，该厂电除尘器改造工程是十分必要的。经过改造，可以保证设备的安全稳定运行，保证脱硫系统的高效和可靠运行，从而实现节约能源、改善城市环境的目标。

3.1.3 主要技术原则

本工程为环保工程改造项目。本次改造将除尘器出口烟尘排放浓度按照30 mg/Nm³设计；在锅炉检修停炉期间，完成电除尘器主体改造，具备通烟条件；为节约资金和缩短工期，在满足技术要求的前提下，尽可能利用现有电除尘器的材料和电除尘器基础；除尘器本体和前后烟道利用原有支架；采用先进的除尘器控制系统，除尘器的运行实行自动控制；环境保护、职业安全和工业卫生、防火和消防均应符合国家有关标准。在满足技术要求的前提下，外形尺寸尽量不变。

3.2 主要设备设计参数

3.2.1 锅炉设计参数

该电厂2台锅炉均为英国Babcock and Wilcox公司生产的亚临界参数、一次再热、单炉膛、平衡通风、自然循环汽包锅炉，每台炉配置一台350 MW汽轮发电机组。

每台锅炉配备2台单室五电场静电除尘器，每台除尘器共10个灰斗，每台炉为20个灰斗。飞灰采用负压气力输送，每台炉设3个负压风机（2运1备）。飞灰经除尘器收集后，落入灰斗，单电场下方2个灰斗用一根Φ229 mm管道串联后，经一根Φ254 mm母管输送至灰库上方的分离器，分选后，落入灰库。除尘器灰斗法兰距地面高度为1.2 m。

每台锅炉配备2台双吸双速离心式引风机，1台静叶可调轴流式增压风机，2台动叶可调轴流式送风机，2台离心式一次风机，引风机室全封闭。

2台锅炉共用一座高240 m、出口内径为7 m的钢筋混凝土烟囱。

锅炉设计规范表见表3.2，锅炉主要设备参数表见表3.3。

表3.2 锅炉设计规范表

序号	项目	锅炉编号	
		1号炉	2号炉
1	锅炉型式	亚临界，一次中间再热，单炉膛，平衡通风，自然循环汽包燃煤锅炉	
2	制造厂家	英国Babcock and Wilcox公司	
3	安装日期	1997年3月1日	1997年4月1日
4	投产日期	1998年11月23日	1998年12月12日

表3.3　锅炉主要设备参数表

设备名称	参数名称	单位	参　数
锅炉	型式		亚临界汽包炉
	过热器蒸发量（BMCR）	t/h	1165
	锅炉排烟温度（BMCR）（除尘器出口修正后）	℃	120
除尘器	数量（每台炉）		2
	型式		单室五电场
	除尘效率（保证）	%	≥99
	除尘器出口灰尘浓度（6%O_2，干态）	mg/Nm³	<113.3
引风机	型式及配置（设计工况）		2台双吸离心式
	风量	m³/s	300
	风压	Pa	3660
	电动机功率	kW	1301
烟囱	高度	m	240
	出口内径	m	6.5
	材质		混凝土烟囱（防腐钢内筒）

3.2.2　引风机技术参数

每台锅炉配备2台英国豪顿公司设计制造的双吸双速离心式风机，风机型号为Howden Sirocco Z9-2745.03，引风机性能参数见表3.4所示。

表3.4　引风机性能参数（1台风机）

项目		单位	设计工况	100%额定负荷
机械部分	型 式		双吸双速离心式	
	型 号		Howden Sirocco Z9-2745.03	
	数 量	台	2	
	功 率	kW	1301	695
	风 量	m³/h	1080000	884700
	风 温	℃	120	120
	密 度	kg/m³	0.8796	0.8896
	风 压	kPa	3.66（高速）	2.41（低速）
	转 速	r/min	743	592
	功 率	kW	1301	695

表3.4（续）

项目		单位	设计工况	100% 额定负荷
电机部分	型号		WP11	
	数量	台	2	
	额定电压	V	6000	6000
	额定电流	A	172	118
	额定功率	kW	1450	900
	转速	r/min	743	592

3.2.3 增压风机技术参数

每台锅炉配1台静叶可调轴流式增压风机，全套至少包括风机本体、配套的电机、完整的调节控制系统、风道、进出口膨胀节、法兰和配件、必要的入孔、隔板、检修通道、电机和风机的共用基础底座及变频器等。

增压风机室内布置。

增压风机技术参数表见表3.5。

表3.5 增压风机技术参数表

序号	FGD增压风机	单位	设计参数
1	制造厂		
2	型式		静叶可调轴流式
3	数量		2
4	转轴备件	有/无	无
5	作为备件的叶片套数		
6	减震装置型式		有
7	消音器（仅在压力侧，如果需要）	有/无	有
8	振动测量装置型式		有
9	材质/规范		
9.1	外壳		Q235
9.2	转轴		35CrMo
9.3	转子叶片		Q345D
9.4	导向板		Q345
10	设计流量	Nm^3/h	1573060

表3.5（续）

序号	FGD增压风机	单位	设计参数
11	全压	Pa	2400
12	入口压力	Pa	
13	转速	r/min	595
14	效率		85.7%
14.1	特性曲线（必须提供）		
14.2	设计值（110%负荷）	%	85.7
14.3	100%负荷	%	85.7
14.4	75%负荷	%	
14.5	50%负荷	%	
14.6	30%负荷	%	
15	主轴承型式		滚动轴承
16	100%负荷联轴器处功耗	kW	1510
17	电机		
17.1	制造厂		
17.2	型式		鼠笼式异步电动机
17.3	转速	r/min	595
17.4	额定功率	kW	2600
17.5	额定电压	kV	6
17.6	轴承型式		
17.7	冷却方式		IC611
17.8	绝缘等级		F
18	重量（风机/电机）	t / t	70
18.1	风机油系统		
18.2	油箱有效容积	m^3	
18.3	调节油泵数量/电机功率	台/千瓦	
18.4	轴承润滑油泵数量/电机功率	台/千瓦	
18.5	油过滤器数量/形式	台	
18.6	电加热器功率	kW	
18.7	冷却风机数量/电机功率	台/千瓦	

3.2.4 燃料、飞灰成分分析

电厂锅炉原设计燃煤为内蒙古准格尔煤，灰含量为24.61%，挥发分为39.53%，硫含量为0.42%，低位发热量为17.316 MJ/kg。然而，自2009年开始，电厂大量掺烧褐煤，因而目前燃用的煤种为混煤，原设计煤种已经不能代表现状。

本工程设计煤种配比为准混二号：铁法：褐煤=37:50:13，校核煤种为准混二号：褐煤=65:35。煤质成分分析表见表3.6。

表3.6 煤质分析表

类别	名　称	符号	单位	设计煤种	校核煤种
工业分析	收到基全水分	Mar	%	15.1	17.9
	空气干燥基水分	Mad	%	4.8	6.61
	收到基灰分	Aar	%	24.4	20.82
	干燥无灰基挥发分	Vdar.f	%	40.64	42.15
	低位发热量	Qnet.ar	kJ/kg	17869	17895
	高位发热量	Qgr	kJ/kg	18926	18969
元素分析	收到基碳	Car	%	47.32	47.31
	收到基氢	Har	%	3.44	3.22
	收到基氧	Oar	%	8.65	9.59
	收到基氮	Nar	%	0.59	0.63
	收到基硫	Sar	%	0.50	0.53
灰熔融性	哈氏可磨系（指）数	HGI		66	63
	变形温度	DT	℃	1330	1245
	软化温度	ST	℃	1360	1340
	半球温度	HT	℃	1390	1400
	流动温度	FT	℃	1420	1430

测试期间在静电除尘器第一电场采集了飞灰样品并进行分析，其矿物组成分、粒度分布及比电阻分析、飞灰物料特性见表3.7至表3.10。

表3.7 飞灰成分分析表

名称	符号	单位	设计煤种	校核煤种
二氧化硅	SiO_2	%	54.52	57.69
氧化铝	Al_2O_3	%	32.66	31.48

表3.7（续）

名称	符号	单位	设计煤种	校核煤种
氧化铁	Fe_2O_3	%	6.416	5.543
氧化钙	CaO	%	1.234	0.753
氧化镁	MgO	%	0.452	0.510
氧化钛	TiO_2	%	1.218	1.532
三氧化硫	SO_3	%	0.902	0.511
氧化钠	Na_2O	%	0.289	0.322
氧化钾	K_2O	%	2.031	1.635
二氧化锰	MnO_2	%	0.181	0.005
五氧化二磷	P_2O_5	%	0.097	0.014
氧化锂	Li_2O	%		0.005
飞灰可燃物	Cfh	%	2.8	2.5

飞灰中SiO_2与Al_2O_3含量之和达到87%～90%，且Al_2O_3含量在30%以上，这表明飞灰的黏度较大，硬度相对较高，不利于电除尘器收尘。

表3.8　飞灰粒径分布表

设计煤种		校核煤种	
粒径尺寸/μm	体积百分比/%	粒径尺寸/μm	体积百分比/%
≤3.28	13.07	≤3.28	19.43
3.28～5.86	12.63	3.28～5.86	17.42
≤5.86	25.70	≤5.86	36.85
5.86～10.48	14.03	5.86～10.48	19.37
≤10.48	39.73	≤10.48	56.22
10.48～15.45	10.27	10.48～15.45	13.14
≤15.45	50.00	≤15.45	69.36
15.45～40.72	29.87	15.45～40.72	24.13
≤40.72	79.87	≤40.72	93.49
40.72～120	20.13	40.72～120	6.51
≤120	100	≤120	100
>120	0	>120	0

设计煤种：飞灰的粒径低于10 μm的颗粒体积含量小于40%，粒径在10 ~ 100 μm的颗粒体积约占57.5%，峰值粒径为100 ~ 120 μm，颗粒体积约占2.5%；校核煤种：飞灰的粒径低于10 μm的颗粒体积含量小于50%，粒径在10 ~ 100 μm的颗粒体积约占49%，峰值粒径为100 ~ 120 μm，颗粒体积约占1%。

本工程设计煤种及校核煤种的飞灰，相对于固态排渣锅炉粒度细小，不利于粒子荷电，增加了电除尘器收尘的难度。

表3.9　飞灰比电阻值　　单位：Ω·cm

序号	测试温度/℃	1号炉A侧1号电场	1号炉A侧3号电场	1号炉A侧5号电场	2号炉A侧1号电场	2号炉A侧3号电场	2号炉A侧5号电场
1	25	1.12×10^{12}	1.33×10^{11}	2.00×10^{12}	1.54×10^{11}	2.22×10^{11}	2.00×10^{12}
2	80	1.43×10^{13}	8.00×10^{12}	1.82×10^{13}	2.78×10^{12}	2.04×10^{11}	1.33×10^{12}
3	100	2.00×10^{13}	9.52×10^{12}	2.00×10^{13}	1.00×10^{13}	1.00×10^{13}	4.00×10^{13}
4	120	2.00×10^{13}	1.00×10^{13}	2.22×10^{13}	1.11×10^{13}	2.00×10^{13}	3.33×10^{13}
5	140	1.43×10^{13}	1.00×10^{13}	1.33×10^{13}	7.41×10^{12}	1.33×10^{13}	2.22×10^{13}
6	150	9.09×10^{12}	7.69×10^{12}	1.00×10^{13}	6.25×10^{12}	8.00×10^{12}	2.50×10^{13}
7	160	6.06×10^{12}	4.65×10^{12}	6.06×10^{12}	4.00×10^{12}	1.05×10^{13}	2.50×10^{13}
8	180	3.70×10^{12}	2.41×10^{12}	3.28×10^{12}	2.11×10^{12}	2.15×10^{12}	2.00×10^{13}

本工程除尘器入口烟温为125 ~ 145 ℃，飞灰比电阻为10^{12} ~ 10^{13}数量级，属于高比电阻飞灰，对电除尘器收尘很不利。

表3.10　飞灰密度及安息角

序号	名称	单位	设计煤种	校核煤种
1	真密度	t/m^3		
2	堆积密度	t/m^3	0.82	0.84
3	安息角	度	45	39

总之，本工程煤种及飞灰用电除尘技术收尘很困难。

3.2.5　现有电除尘器技术参数

每台锅炉配备2台美国Lodge-Sturtevant有限公司设计制造的M400.3F-4.6×14.63m-38型卧式电除尘器。

每台电除尘器有效通流面积为222.4 m²，设计处理烟气量为1.031×10^6 m³/h，同极间距为400 mm；收尘极板采用型板式，放电极采用扭麻花星形线。放电极、收尘极的振打均为凸轮提升落杆振打。采用放电极连续振打，收尘极振打144 s，停72 s，电源为美国Lodge-Cottrell公司生产的AVC-Ⅳ型电源。

除尘器设计进口平均烟温为146 ℃，进口平均含尘浓度为11.33 g/m³，设计除尘效率不小于99%，除尘器本体压力ΔP≤199 Pa。

改造前电除尘器设计的主要技术参数表见表3.11。

表3.11　电除尘器主要技术参数表

序号	项目	单位	数据及技术性能
1	锅炉额定蒸发量	t/h	1165
2	单台电除尘器有效通流面积	m^2	222.4
3	单台电除尘器电场数量	个	5
4	单台电除尘器尺寸（长×宽×高）	m×m×m	33.66×15.768×27.75
5	单电场长度	m	4.55
6	每电场通道数	个	38
7	同极间距	mm	400
8	单台电除尘器有效收尘面积	m^2	20848
9	放电极形式		扭麻花星形线
10	收尘极形式		型板式
11	放电极数量	根/台	38×4×4×3
12	收尘极数量	根/台	39×3
13	放电极尺寸	m	3.75×14.63
14	放电极收尘极振打方式		凸轮铁落杆振打
15	高压供电装置数量	套	5/台，110 kV/1000 mA
16	单台除尘器保温面积	m^2	4670
17	单台除尘器处理烟气量	m^3/h	1031220
18	烟气流速（最高/平均）	m/s	1.28/1.20
19	有效驱进速度	cm/s	6.42
20	烟气温度	℃	146
21	烟气含水量	%	4.6

表 3.11（续）

序号	项目		单位	数据及技术性能
22	烟气在15 ℃时的密度		kg/m^3	1.18
23	进口含尘浓度		g/m^3	11.33
24	设计比集尘面积		$m^2/(m^3 \cdot s^{-1})$	72.78
25	本体压力损失		Pa	≤199
26	进口烟气压力		Pa	-2490
27	设计除尘效率		%	≥99
28	放电极振打装置	型式		齿轮电机 TTM10
		数量	套	10/每台炉
		输出转数	r/min	4
		电动机功率	kW	0.18
		电压	V	200-240/380N-415Y
		电流	A	1.3-1.37/0.76-0.79
		转速	r/min	910
29	集尘极振打装置	型式		齿轮电机 TDM5/HTA2
		数量	套	10/每台炉
		输出转数	r/min	1.68
		电动机功率	kW	0.37
		电压	V	415
		电流	A	1.05
		转速	r/min	1400

3.3 电除尘器改造工程

3.3.1 除尘器改造技术参数

3.3.1.1 烟气设计参数

除尘器主要设计参数表见表3.12。

表3.12　除尘器主要设计参数表（单台炉）

类别	参数	单位	设计煤种	校核煤种	备注
主要参数	烟气量（工况，实测）	m^3/h	1904709	2015029	建议按此值设计
	烟气量（工况，计算值）	m^3/h	1802285	1856064	
	烟温	℃	125	120	
	烟气水露点温度	℃	45.7	46.2	计算值
	烟气酸露点温度	℃	93.0	97.0	计算值
	入口烟尘浓度（标、干、6%O_2）	g/Nm^3	33.05	28.65	
化学成分	SO_2（标、干、6%O_2）	mg/Nm^3	3560		按煤中最大含硫量及脱硫入口设计浓度考虑
	SO_3（标、干、6%O_2）	mg/Nm^3	60		
	O_2	%	4.3	4.3	湿基
	CO_2	%	13.30	13.47	湿基
	N_2	%	72.62	72.21	湿基
	H_2O	%	10.08	10.34	湿基

注：测试期间为5月份，满负荷下锅炉排烟温度为125 ℃，全年极端烟温为145 ℃。

3.3.1.2　改造场地情况

厂区总平面布置是典型的三列式格局，北为开关场（GIS），中为主厂房，南为储煤场。厂区东部布置有水处理区，东南角布置有油区，西侧设有循环水泵房及加氯间。主厂房A排朝北布置，固定端朝东，输煤栈桥从主厂房固定端引入。220 kV配电装置正对汽机房居中布置，主变压器、厂用变压器及高压启动及备用变压器在主厂房A排前布置。

电除尘器位于主机与脱硫区域之间，北侧为主机区域，南侧为脱硫系统区域，东侧为水处理区域。

电除尘器总长为33.660 m（单电场柱距均为4.550 m，喇叭口长为5.455 m），单台除尘器宽为15.768 m。

电除尘器第一电场与锅炉厂房距离为14 m，但由于安装了SCR脱硝装置，除尘器入口烟道上方空间被脱硝钢架与出口烟道完全占据，五电场最后一个柱脚距引风机基础距离很小，在现有条件下，无法通过增加电场进行除尘器增容。2台电除尘器间距5.532 m，且中间有烟气再循环管道穿过，管径为3300 mm，标高为6.7 m，因此电除尘器也无法进行加宽。除尘器极板高度已达到14.63 m，极板间距为400 mm，同样也无法通过改变极板、极线的设计来完成增容。见图3.1。

图3.1 现有除尘器场地情况（装设SCR脱硝装置后）

每台除尘器进、出口烟道均为1个。进、出口烟道尺寸均为5110 mm×3710 mm（除尘器进口测点位置处烟道尺寸为8825 mm×2300 mm），烟道标高为15.4 m。烟气由空气预热器引出后，经一小段水平烟道进入电除尘器。电除尘器出口的烟气经一弯头垂直向下进入引风机，最后经一段水平烟道进入烟囱。2台电除尘器设计参数和结构完全相同，对称式布置。在空气预热器后的水平烟道中设有导向叶片，电除尘器进口水平方向装有蜂板，用以调节气流均匀分布。

3.3.1.3 除尘器改造目标

（1）设计效率。不小于99.909%（当除尘器入口浓度为33.05 g/Nm^{3}时）。

（2）除尘器出口烟尘排放浓度保证值。小于30 mg/Nm^3（α = 1.4）。

（3）压力。除尘器不大于300 Pa（除尘器本体改造时），不大于1700 Pa（袋式方案时）。

（4）运行。除尘器在烟温145 ℃情况下，能够连续运行。

（5）本体漏风率。本体漏网率不大于2.5%。

（6）气流均布系数。除尘器气流均布系数小于0.25。

（7）距壳体1.5 m处最大噪声。距壳体1.5 m处最大噪声级噪声不大于85 dB（A）。

3.3.2 改造方案初选

目前，电除尘器在选择改造方案时，可采用的技术一般有电除尘器增容，电袋复合除尘器（布袋除尘器），电控系统改造（高频电源等），低温烟气换热器，旋转电极、湿式电除尘器等方案，在实际应用时，可根据情况，将不同方案进行组合。

针对本工程的现场条件，方案初选结果如下。

（1）旋转电极方案不可行。由于本工程电除尘器原设计烟尘排放浓度为113.3 mg/Nm³（现有煤种下，烟尘排放浓度在160 mg/Nm³以上），旋转电极方案是对末电场进行清灰，以减少二次扬尘，实质并不能提升电除尘器的收尘效率，根据国内电厂的调研结果，采用旋转电极改造前除尘器烟尘排放浓度在120 mg/Nm³的电厂，旋转电极在投运一年之后，除尘器实际运行效率大幅下降，且旋转电极设备故障隐患较多，一旦发生故障，会直接导致除尘器停运，影响锅炉正常运行，因而考虑到烟尘的达标排放与除尘器稳定运行，本工程不建议采用旋转电极方案。

（2）湿式电除尘器方案。在脱硫系统后增设湿式电除尘器，利用脱硫系统后至烟囱之间的场地进行布置，湿式电除尘器的工作原理与干式电除尘器相同，但由于在湿式电除尘器里喷入水雾而发生很大的不同。水雾的喷入使粉尘凝并、增湿，降低了粉尘比电阻，粉尘和水雾在电场中一起荷电，一起被收集，水雾在收尘极板上形成水膜，水膜使极板保持洁净，使湿式电除尘长期高效运行。经初步论证，本工程脱硫系统出口至烟囱入口没有加装空间，且目前国内无大型火电机组加装湿式电除尘器的投运业绩，如采用该技术，建议由设计厂家对现场进行详细踏勘，并建议电厂进行湿式电除尘器市场调研。

（3）电袋除尘器（布袋除尘器）方案。电袋除尘器（布袋除尘器）方案是在原有电除尘器部分电场进行掏空，安装滤袋，改造后总体荷载变小，从现场条件看，电袋除尘器受场地制约少，具备工程实施的可行性，从提高烟尘排放指标看，也具备可行性。

综上所述，针对现场条件，本工程可选方案为电袋复合除尘器（布袋除尘器）改造方案，同时论证电控改造、低温省煤器改造及增容改造方案，并对这几种方案进行了详细比选。

3.4　除尘器改造方案

3.4.1　电袋复合除尘器改造方案（方案一）

3.4.1.1　电袋除尘器的工作原理及特点

（1）电袋复合式除尘器的工作原理。电除尘区在烟气中具有预除尘及荷电功能，对改善进入袋区的粉尘工况起到重要作用。通过预除尘可以降低滤袋烟尘浓度，降低滤袋阻力上升率，延长滤袋清灰周期，避免粗颗粒冲刷、分级烟灰等，最终实现节能及延长滤袋寿命；通过荷电作用可使大部分带有相同极性的粉尘相互排斥，少数不同荷电粉尘由细颗粒凝并成大颗粒，使沉积到滤袋表面的粉尘颗粒有序排列，形成的粉尘层透气性好、空隙率高、剥落性好。所以，电袋复合式除尘器利用荷电效应减少了除尘器的阻力，提高了清灰效率和设备的整体性能。

（2）电袋除尘器的主要优点。

在任何煤种下，均能够保证烟尘排放浓度稳定低于30 mg/m³，甚至低于20 mg/m³，不存在技术与政策风险；主要缺点是一次投资较大，增加了烟气阻力，会对引风机造成影响。

目前，国内燃煤机组配套电袋复合式除尘器已成为主流，已经有数十台300 MW机组的投运业绩，投运情况良好，不仅可以达到30 mg/m³标准，部分机组甚至可以达到20 mg/m³以下；此外，目前多台600 MW等级机组签订了电袋除尘器合同。

3.4.1.2 改造方案

（1）总体设想。保留现有电除尘器五个电场中的一、二个电场，改造后面电场为布袋，从而形成整体结构的电袋复合除尘器，改造范围在原有除尘器进出口喇叭法兰内。

（2）改造设计。本工程改造为电袋除尘器，理论上可根据滤袋布置的要求，保留一个电场（1电1布式）和保留两个电场（2电1布式），以下就可能的改造方式进行论证，指标对比见表3.13所示。

表3.13 电袋除尘器（单台除尘器）不同方案对比

序号	项目	单位	1电1布	2电1布	3电1布
1	袋区有效长度	m	18.2	13.65	9.1
2	袋区有效宽度	m	15.768	15.768	15.768
3	烟气量	m³/h	1007515	1007515	1007515
4	过滤风速	m/min	1.0	1.1	1.25
5	过滤面积	m²	16792	15265	13434
6	滤袋规格	mm	Φ168×8300	Φ168×8300	Φ168×8300
7	每条滤袋过滤面积	m²	4.35	4.35	4.35
8	滤袋边缘间隔	mm	50	50	50
9	所需滤袋数	个	3860	3509	3088
10	剩余电场可装滤袋数	个	5025	3618	2211

由表3.13可以看出，在所需的过滤面积前提下，拆除2个电场即可以满足所需过滤面积的要求，相比于保留1个电场，保留2个电场可以在1个电场发生故障时，利用二电场的除尘能力去除大部分粉尘颗粒，减轻对袋区的负荷。此外，保留2个电场改动量较少，节省改造投资。因此，本工程电袋除尘器推荐保留2个电场，即采用2电1

布式。

（3）改造方案。工程设计采用利旧原则，尽量保持原有电除尘器的本体及框架不动，拆除后三个电场及其附属设备，装设布袋。由于布袋区较静电除尘区的荷载小，所以可以利用原有的基础，不需要增加额外的支撑结构。主要改造内容如下。

① 电除尘区部分。检修进口喇叭气流分布装置，防止内部结构受高硅分飞灰磨损。对一、二电场所有阴极线、阳极板、振打器及相关配件更新，放电极采用波形线或芒刺线。一电场改为左右双分区结构，拆除原除尘器高压整流设备及高压控制柜，安装SIRIV-85 kV/1200 mA型高频电源，单台炉新增4台高频电源。拆除三、四、五电场壳体内的所有设备（收尘极板、电极线、振动装置、整流变压器等）。除尘器进出口喇叭范围外烟道不改动。灰斗壁板与水平夹角要大于60°，以保证排灰通畅，必要时，进行整改。

② 袋式除尘区部分。布袋除尘区选用低压长袋技术，单台炉布袋除尘区划分多个分室结构。在二、三电场位置之间安装气流导向和均布装置，减少由烟气带来的三、四、五电场位置的布袋袋束冲刷。在除尘器三、四、五电场柱顶位置安装布袋除尘器的净气室和含尘气室的隔板，并在隔板上安装花板，以便安装滤袋。在电场顶部设置旁路烟道（按照50%容量进行设计），在布袋除尘区顶部设置旁路阀，使除尘器具备旁路烟道和除尘通道双通道，通过旁路烟道实现袋区超高、低温保护，旁路烟道须设置密封装置，防止旁路烟气返回净气室。考虑袋区在线检修功能，在布袋除尘区每条通道的进出口处，即电除尘器区入口和布袋除尘器的出口设置电动挡板门，通过关闭进出口挡板门，将需要检修的通道隔离出来，打开侧部检修门及顶部通风孔，待2 h洁净室温度降到40 ℃以下，就可以进行在线检修，同时不会影响其他室正常工作。在除尘器净气室安装滤袋破损检测观察装置，以便对除尘器进行检查和维护。在每台除尘器的入口管段安装粉尘预涂装置，在油点炉或油煤混烧时，对除尘器进行粉尘预涂，可有效地防止油污糊袋现象的发生。袋区灰斗壁板与水平夹角大于60°，以保证排灰通畅，必要时，进行整改。除尘器的电缆和桥架根据现场情况，优先利旧，并在将来的设计中考虑是否需要移位改造。楼梯过道、起吊装置、保温外护等按照利旧和部分新增设计。

（4）滤袋选择。本工程除尘器入口最高运行烟温为145 ℃。为适应现有烟温和烟气成分条件，在与滤袋厂家进行沟通后，原则上可选用耐高温、防水、防油、防酸碱腐蚀、抗糊袋的滤料材质，本工程推荐采用（50%PPS+50%PTFE）混纺+PTFE基布，克重不低于630 g/m^2，滤袋有效使用寿命不小于35000 h。根据理论和现场实测，电袋除尘器电场在操作运行不当的前提下，产生少量的臭氧，臭氧对PPS滤料的寿命有影响，但是臭氧不稳定，在高温烟气条件下，快速氧化分解，对滤袋的寿命几乎没有影响。电袋除尘器电场在工况条件下工作，可能会产生少量的臭氧，但烟气中的硫化物等还原性气体可能加速臭氧分解。本工程滤袋原则上可以采用PPS+PTFE基布，但为了保证除尘器运行，提高滤袋使用寿命，并综合考虑经济性，本工程滤袋推荐采用抗氧化、抗腐蚀、抗高温效果更佳的（50%PPS+50%PTFE）混纺+ PTFE基布。

（5）吹灰方式选择。布袋除尘器有旋转脉冲清灰和行脉冲清灰两种工艺方案。布袋采用低压脉冲喷吹清灰。这两种方式正常运行都能满足除尘器稳定运行的需要。以下就两种清灰方式进行对比分析。

① 行脉冲清灰。滤袋按照行规则排列设计，每个滤袋均有对应的喷吹口，清灰压力较高（0.2 ~ 0.3 MPa），当启动清灰程序时，每个脉冲阀按照设定的顺序通过一行行固定的喷吹管对各行所有滤袋进行依次的清灰，每个滤袋收到的清灰条件相同。其清灰的部件包括气源、气包、电磁阀、脉冲阀、喷吹管、喷嘴和喷射器。这种清灰方式清灰彻底，没有死角。行喷吹气源采用压缩空气。

② 旋转脉冲清灰。每个过滤单元（束或分室）配制一个大口径（12英寸）的脉冲阀和多臂旋转机构，脉冲喷吹清灰压力为0.085 MPa，滤袋为椭圆形，同心圆方式布置。一般清灰结构按照固定速度旋转，转臂位置与清灰控制无关联。当脉冲阀动作时，无法保证转臂喷吹口与滤袋口对应，时有出现清灰气流喷于花板或一部分滤袋永远未收到清灰。旋转脉冲清灰气源采用罗茨鼓风机。

③ 行脉冲清灰方式的特点。行脉冲喷吹清灰以强劲、高效、彻底的性能成为主流技术。滤袋区采用脉冲喷吹结构，滤袋按照行列矩阵布置，前后左右滤袋之间间隔均匀，有效地保证了电袋两区之间气流衔接与分布均衡，使电袋综合性能最优。行脉冲清灰有利于电袋复合除尘器内部的气流均匀分布，可以有效地避免滤袋的不均匀破损。

④ 旋转脉冲清灰方式的特点。是结合了脉冲和低压反吹风两种技术形成的一种清灰方式，源于德国鲁奇，在我国中小型机组燃煤电力业有较多应用业绩。这种清灰压力低，并采用“模糊清灰”，即清灰时旋转转臂喷吹口与滤袋口之间的位置未一一对应，清灰力薄弱，效果不彻底。当旋转脉冲结构组合于电袋时，由于滤袋按照同心圆布置，内部气流分布紊乱，不利于滤袋表面荷电粉尘的“蓬松”堆积，无法最大限度地发挥电袋复合除尘器的荷电粉层低阻的优势。基于上述两点，旋转脉冲袋技术未能在电袋中普遍应用，在300 MW以上大型机组业绩很少。

综上所述，本工程推荐行脉冲清灰工艺，其清灰系统的基本部件包括喷吹气源、气包、电磁阀、脉冲阀、喷吹管、喷嘴等。

电磁脉冲阀是脉冲清灰动力元件，选用隔膜式。

电磁脉冲阀选用进口设备。

清灰系统使用原装进口的电磁脉冲阀，保证使用寿命5年（100万次），脉冲阀的结构要适应当地严寒气候，不因冰冻影响脉冲阀动作灵敏性；安装脉冲阀的容器必须采用直径370 mm以上无缝钢管进行加工，以保证脉冲瞬间工作需要的容积，同时强度符合《钢制压力容器》(GB 150—1998)。

(6) 清灰采用的气源。清灰的压缩空气量核定：按照单个开关一次电磁阀耗气量为1.0 Nm^3/min（考虑到电磁阀关闭滞后）、清灰周期最短为2400 s，本工程每台炉所需电磁阀数量约为612个，每台锅炉除尘器至少需要15 Nm^3/min的压缩空气量。清灰气源采用空压机，电厂目前一期工程共配置4台厂用空压机（出力为29.9 Nm^3/min），每台机组配置2台，均采用1运1备的运行方式，考虑到供气的稳定性，本期工程每台炉增设1台出力为29.9 Nm^3/min的空压机及其配套设备，最终形成2运1备的运行方式。为便于设备管理，空压机选型与电厂现有的空压机一致，选用Atlas-Copco公司产品，型号为ZR200，功率为195 kW。现有空压机布置在机组主厂房内，本工程2台炉需增设2台空压机，现有空压机布置位置附近有新增2台空压机的空间。单台空压机所需冷却水量约为10 t/h，可就近从闭冷水系统引接。

空压机功率约为195 kW，由于拆除原有电场后，电气系统裕量增加，因此可从原有除尘器电源处引接。

(7) 电除尘器壳体强度校核。本工程实施电袋改造后，引风机将提高出压约为1000 Pa，原除尘器壳体承受的压力比改造前增加约为1000 Pa。因此，本工程改造时，需要对壳体强度进行校核。对于使用时间较短的梁柱型结构或安全系数取值较大且原设备设计承压值较高的电除尘器的改造，可作简单局部加固；对于轻型薄壁结构或使用多年、腐蚀老化的旧设备，应做详细的结构计算，确定合理的加固方案。

采用电袋除尘器改造方案后，除尘器技术参数如表3.14所示。

表3.14　电袋改造后设计技术参数（单台炉）

序号	名称	单位	技术参数及要求
1	入口烟气量	m^3/h	2015029
2	入口烟气温度	℃	125
3	入口烟尘浓度	g/Nm^3	33.05
4	烟尘排放浓度（$\alpha = 1.4$）	mg/Nm^3	<30
5	总除尘效率	%	99.909
6	电场截面积	m^2	222×2
7	比集尘面积	$m^2/(m^3 \cdot s^{-1})$	29.11
8	室数/电场数	个	1/2
9	驱进速度	cm/s	
10	烟气流速	m/s	1.26

表 3.14（续）

序号	名称	单位	技术参数及要求
11	过滤风速	m/min	1.1
12	总过滤面积	m^2	15265×2
13	滤料名称		（50%PPS+50%PTFE）混纺+ PTFE基布
14	滤袋规格	mm	Φ168×8300
15	滤袋条数	条	7018
16	滤袋使用寿命	h	35000
17	清灰类型		低压脉冲行喷吹
18	清灰压力	MPa	0.2 ~ 0.3
19	清灰周期	min	40
20	耗气量	m^3/min	15
21	脉冲阀规格		进口3英寸电磁脉冲阀
22	除尘器灰斗数量	个	10×2
23	除尘器压力	Pa	1000
24	除尘器漏风率	%	≤2.5

3.4.1.3 改造清单

除尘器改造后主要的设备清单见表3.15至表3.17。

表 3.15 电袋复合除尘器本体部分设备改造清单（单台炉）

序号	名称	规格型号	数量	备 注
1	电除尘器壳体改造	Q235	1套	新增部分
2	钢结构加强		1套	旧结构加强
3	本体烟道	Q235	1套	新增部分
4	平台、扶梯或栏杆	Q235	1套	新增部分
5	保温金属附件（含勾钉、紧固件等）		1套	新增部分
6	保温岩棉和外护板		1套	新增部分
7	进出口挡板门		1套	新增部分
8	旁路插板门		1套	新增部分
9	一、二电场阴阳极系统		1套	新增部分

表3.16　电袋复合除尘器电控部分设备改造清单（单台炉）

序号	名称	规格型号	数量	备注
1	SIR 85/1200		4套	新增部分
2	低压控制柜		1套	新增部分
3	检修/照明箱		1个	按需供货
4	分析仪表		1套	按需供货
5	起点终点都在本体上的电缆和电缆桥架		1套	新增部分（考虑利旧）

表3.17　布袋部分设备改造清单（单台炉）

序号	设备名称		规格型号	数量
1	清灰系统	滤袋	（50%PPS+50%PTFE）混纺+PTFE基布	7018个
		袋笼	有机硅喷涂	7018个
		电磁脉冲阀	进口淹没式	612个
2	保护系统	预涂灰装置		
		旁路烟道		
		旁路插板门		
3	控制系统	差压计		
		测温仪		
		压力计	1151系列	

3.4.2　布袋除尘器改造方案（方案二）

3.4.2.1　布袋除尘器的工作原理及特点

袋式除尘器是一种过滤式除尘器，工作机理较为简单，是利用纤维编织物制作的袋状过滤元件来捕集含尘气体中的粉尘。当含尘气体进入袋式除尘器时，粉尘在通过滤袋时被阻留在滤袋表面，使气体得到净化。随着堆积在滤袋表面粉尘厚度的增加，除尘器的阻力逐渐上升，等阻力大到一定程度，滤袋上的粉尘由清灰装置清除，落入灰斗，经排灰系统排出，从而达到收尘的目的。

3.4.2.2　效率影响因素

袋式除尘器除尘效率的影响因素主要有滤料种类、运行状态（清洁状态滤布、积尘状态滤布、清灰状态滤布）、清灰方式、过滤风速、粉尘粒径等。

正常情况下，袋式除尘器的除尘效率主要由装置特性（滤料种类、清灰方式等）决定，介质特性（粉尘特性、烟气工况等）对除尘效率影响不大，故袋式除尘器除尘效率对锅炉燃煤煤质变化不敏感。

3.4.2.3 改造方案

（1）除尘器本体改造。包括除尘器本体改造，进出口烟箱、烟道的改造。

① 本体改造。借助现有电除尘器的壳体条件，改造工程在原电除尘器框架和基础上进行，原来电除尘器底梁以下部分结构保持不动，侧墙基本不动，但对有腐蚀的部位需要进行加固或换新处理，所有保温及外护板进行换新处理。拆除原电除尘器一、二、三、四、五电场部分，拆除顶部的整流变压器及电加热系统、内部的阴阳极框架、阴阳极振打装置及内撑杆、顶部起吊装置、电缆、保温设施等。保留原来电除尘器的内部结构，保留与电除尘器进出气喇叭口连接的大梁。在电除尘器内部安装滤袋，为满足现有烟温条件，滤袋推荐采用（50%PPS+50%PTFE）混纺+ PTFE基布。在原一、二、三、四、五电场的壳体顶部加立柱和侧墙，形成净气室，净气室的末端是出气口，净气室前墙设有检修通道、检修门和运行中进行检查观望的视窗。重新设计加工除尘器的顶盖，在顶盖上有清灰系统的绝大部分部件，如储气罐、脉冲阀、驱动电机等。

② 除尘器进出气烟箱的改造。保留原电除尘器的进口烟箱及对进口气流分布板，但需进行修复。原来电除尘器的出口梁不需要拆除，但需将原烟箱部位的缺口加装墙体并密封焊接。袋式除尘器的出口烟箱安装在净烟气室的末端，重新设计加工烟箱。拆除电除尘器的部分保温设施。

③ 除尘器进出口烟道的改造。保留除尘器进口烟道。对袋式除尘器出口烟道进行改造，拆除原来电除尘器出口烟箱的一部分，在袋式除尘器的净烟气室末端安装出口烟道，并接到原来电除尘器的出口烟箱上。

④ 除尘器灰斗。除尘器灰斗原则上不进行大的改造，但需要根据现有灰斗的腐蚀或磨蚀情况，进行适度的加固或更新。必要时，修复与灰斗相关的其他辅助设备。

（2）压缩空气系统。本工程滤袋采用行喷吹清灰方式，包括由空气压缩机及后处理系统、底部储气罐、压缩空气管道、减压阀、压力表等组成的除尘器清灰系统。本工程布袋清灰所用压缩空气由空压机提供，单台炉除尘器需4英寸电磁阀约为336个，耗气量为35 Nm^3/min，考虑到电厂压缩空气系统已没有裕量，因而本工程2台炉增设3台出力为37 Nm^3/min的空压机及其配套设备，最终形成2运1备运行方式。为便于设备管理，空压机选型与电厂现有的空压机一致，选用Atlas-Copco公司产品，型号为ZR250，功率为275 kW。

（3）保护系统。包括预喷涂系统、紧急喷淋降温系统和旁通烟道、检漏系统、温度检测系统、压力检测系统等。

① 预涂灰系统。在除尘器每个烟道的进口烟箱前，设有预涂灰装置，包括管道和闸阀。在机组启动和低负荷稳燃、需要燃油时，为了避免油烟对滤袋造成损坏，在袋式除尘器投用前，应对新滤袋进行预涂灰（对老滤袋不清灰，保持一定的灰尘）；燃油期间，袋式除尘器不清灰，机组长期停用后再启动，对滤袋均需进行预涂灰处理。加灰点设在除尘器前的水平烟道上，滤袋预涂处理可逐室进行，采用自动喷涂灰系统预涂灰，同时可使用罐车进行加灰。

② 紧急喷淋降温系统和旁通烟道。锅炉烟气突发异常高温会降低滤袋使用寿命，甚至烧坏滤袋，是袋式除尘器重点防范的对象。主要防范措施是设置紧急喷淋降温系统和旁通烟道（50%容量）。当锅炉换热器故障引起烟气超温时，喷淋系统开启，烟气温度降低到布袋除尘器允许范围内。当喷淋系统全部开启也无法将温度降到允许范围内时，烟气可从旁通烟道排到烟囱而不经过袋滤单元。

③ 检漏系统。电厂在运行过程中，为了便于及时发现破袋、漏袋、滤袋与花板接触处密封不严、密封部件漏气等引起的漏灰现象，在除尘器的每一个出口烟道上都安装了粉尘检漏仪。粉尘检漏仪连续动态地对除尘器出口的烟尘浓度进行监测，并将监测数据传送至PLC中，当粉尘浓度超过出口浓度设定值（30 mg/Nm^3）时，PLC会发出报警。运行人员可通过净气室的观察视窗进行检查，在确认漏尘的原因以后，关闭该除尘室的进出口烟道挡板门，将该室从运行中切除出来。降温后，工作人员进行必要的检查或维修。

④ 温度检测系统。除尘器的进口烟道均装有热电偶温度计，温度测点网状布置，对进入除尘器的烟气温度进行连续、动态监测。温度信号输送到PLC中，根据预编程序进行判断，并发出相应的控制措施，如报警等。

⑤ 压力检测系统。除尘系统的压差对袋式除尘器的性能起到最佳的指示作用，特别是各室的压差表，更是反映滤袋情况的最佳指标器，压差的突然增大或减少可能意味着滤袋的堵塞、泄漏、脉冲阀故障、清灰系统工作不正常等。各分室的压差只起显示监测作用，而不起控制作用。总的压差是各分室压差的平均值，起到显示设备整体压力的作用，同时是PLC系统对清灰模式启动和控制的依据。

（4）控制系统。包括在线检测装置等仪器仪表及以PLC可编程控制器为主体的除尘器主控柜、MCC柜、上位工控机、现场操作柜、检修电源箱、照明系统等。根据工艺及控制逻辑要求，本工程采用PLC控制系统，配置相应的测控仪表，实现对袋式除尘器系统的自动检测及自动化程序控制，并预留与锅炉DCS通讯接口。

① 控制对象。除尘器进出口挡板门、旁路提升阀、清灰系统等。

② 检测对象。灰斗灰位、滤袋内外压差及压差超标报警、除尘器进出口烟温及烟温超标报警、清灰压力、检漏仪及设备运行状态指示。

除尘器的控制通过人机操作界面实现，按照预先设定的操作方式，可实现除尘器各系统的自动控制和一对一的手动控制。显示器通过不同的界面显示整个系统或分系统的运行画面，运行人员可随时监视整个系统的运行状况，同时人机界面将所有运行参数实时地以曲线及表格的形式显示并保存，以供打印报表及故障分析。

3.4.2.4 袋式除尘器基本技术参数

本工程改造后布袋除尘器设计技术参数表见表3.18所示。

表3.18 布袋除尘器设计技术参数表（单台炉）

序号	项目	单位	技术参数及要求
1	每台锅炉配袋式除尘器数量	台	2
2	除尘器入口烟气含尘浓度	g/Nm^3	33.05
3	除尘器出口烟气含尘浓度	mg/Nm^3	<30
4	本体总压力	Pa	≤1500
5	本体漏风率	%	≤2.0
6	处理最大烟气量	m^3/h	2015029
7	总过滤面积	m^2	37315
8	过滤风速	m/min	0.9
9	布袋材料		（50%PPS+50%PTFE）混纺+ PTFE基布
10	布袋尺寸	mm	Φ160×8500
11	滤袋条数	条	8718（8216）
12	滤袋允许连续使用温度	℃	≤160
13	滤袋允许最高使用温度及年允许时间	℃/h	190（每年不超过3次，每次不超过10 min）
14	滤笼材质		20号
15	滤笼规格	mm	Φ155×8440
16	脉冲阀数量	个	336
17	脉冲阀规格		4″
18	脉冲宽度	m	100～200
19	清灰空气压力	MPa	0.2～0.4
20	气源品质		无油、无水洁净气源
21	耗气量	Nm^3/min	37
22	减温水水质		除盐水

表3.18（续）

序号	项目	单位	技术参数及要求
23	减温水压力	MPa	0.4 ~ 0.5
24	减温水温度	℃	≤40
25	减温水耗量	t/h	17
26	减温气源		洁净空气
27	减温气源压力	MPa	0.4 ~ 0.5
28	减温气温度	℃	≤40
29	减温气耗量	Nm^3/h	500

3.4.2.5　改造清单

除尘器改造后主要设备清单见表3.19。

表3.19　布袋除尘器设备改造清单（单台炉）

序号	名称	规格型号	单位	数量	备注
1	布袋区				
1.1	机务部分				
1.1.1	新增本体		套	1	
1.1.2	新增楼梯及平台		套	1	
1.1.3	出气烟道		套	1	
1.1.4	人孔门	1200×700	套	4	
1.1.5	视窗		套	4	
1.1.6	通气孔	600×500	套	4	
1.2	过滤系统				
1.2.1	滤袋	PPS，$\Phi160$，L=8.5 m	条	8718	
1.2.2	袋笼	L=8.44 m	条	8718	
1.2.3	花板	6 mm	套	20	
1.3	清灰系统				
1.3.1	脉冲阀	4"	套	336	
1.3.2	喷吹系统		套	20	
1.3.3	底部储气罐	6 m^3	台	1	

表3.19（续）

序号	名称	规格型号	单位	数量	备注
1.3.4	减压阀	*DN*80	只	1	
1.4	烟气系统				
1.4.1	进口挡板门	3710×5110	套	2	含执行机构
1.4.2	出口挡板门	3710×5110	套	2	含执行机构
1.5	预喷涂系统		套	1	
1.6	喷淋降温系统		套	4	
1.7	气源系统				
1.7.1	清灰管道及阀门		套	1	
1.8	保温及油漆				
1.8.1	保温安装辅材及外护板	0.5彩钢板	套	1	
1.8.2	保温岩棉	100 mm	套	1	
1.8.3	油漆		套	1	
1.9	其他				
1.9.1	除尘器顶部起吊装置	电动葫芦	套	2	利旧
1.9.2	除尘器顶部遮雨棚		套	1	利旧
2	电气、仪表部分				
2.1	低压配电柜	2200×600×600	台	2	
2.2	PLC控制柜	QUANTUM/S7-400	台	1	
2.3	仪表配电柜	2200×800×600	台	1	
2.4	脉冲阀控制箱	MCFK-30	只	20	
2.5	照明配电箱	JXDY-2	只	2	
2.6	照明配电箱	ZMPD-1	只	2	
2.7	上位机	IPC-610	台	1	
2.8	显示器	22英寸LCD	台	1	
2.9	组态软件	i-FIX/INTOUCH	套	1	
2.10	热电阻	PT100	个	8	
2.11	料位计		只	20	
2.12	压差变送器	3051CD1A22A1AB	台	2	

表3.19（续）

序号	名称	规格型号	单位	数量	备注
2.13	压力变送器	3051TG2A2B21AB	台	1	
2.14	仪表阀	*DN*10	台	5	
2.15	粉尘浓度仪	AIM3000	只	2	
2.16	照明灯具	FYGT302	套	15	部分利旧
2.17	电缆	ZC-YJV-0.6/1 kV等	套	1	部分利旧
2.18	电缆桥架	300×100等	套	1	部分利旧
2.19	穿线管、型材	*DN*25等	套	1	
2.20	接地材料	50×5	套	1	
2.21	仪表保温箱	YBBW-1	只	3	

3.4.3　除尘器本体及电控系统改造方案（方案三）

3.4.3.1　工程概要

该机组均配套两台单室五电场静电除尘器，共配备5台硅整流变压器，规格型号为1.0 A/110 kV。

本工程除尘器检修后，2号炉除尘器出口烟尘实际排放浓度达到237 mg/Nm^3。检修后的2号炉除尘器各个电场全部投入运行，除一电场达到60 kV外，其余电场二次电压均在50 kV以下，二次电流均在500 mA以下，甚至一电场二次电流低于200 mA。

3.4.3.2　改造方案

（1）改造总体设想。根据电除尘器运行情况可知，除尘器运行电流电压较低，尤其是一电场。尽管二次电压达到60 kV，然而，二次电流不到200 mA。因而，本工程改造应提高运行电流电压，并采取分区供电方式，将各电场的板电流密度提高到0.4 mA/m^{2}以上。

（2）改造具体方案。从多年的实际应用情况看，在以下几种场合，电除尘器应优先考虑选用高频电源，入口浓度大于30 g/m^{3}的前电场（20 g/m^{3}以上也可用）、烟气流速大于1 m/s的前电场和粉尘比电阻大于10^{11} Ω·cm的后级电场。

本工程分析测试参数后，确定改造方案（单台炉）如下。

① 本体改造。保留除尘器壳体及钢结构，更换阴阳极系统，更换新型极板，采用新型芒刺极线代替原麻花线，相应地对电除尘器阴极及阳极振打系统进行改造，由侧壁或电磁振打替代原顶部机械振打，更换气流均布板。

② 电控系统改造。将现有的供电分区一分为二（复合分区），即现有的单台除尘器的5个供电分区增加为10个供电分区。在所有的10个供电分区安装高频电源SIRIV-85 kV/1200 mA。安装电磁振打控制器ERIC，接入现有的电磁振打系统，实现高低压一体控制。对改造后的电除尘控制系统进行优化调试。

管理整个电除尘工艺过程的电除尘控制系统由高频电源SIR、ERIC电磁振打控制器、计算机网络、终端系统组成，使之具备采集现场信号，完成电气设备的顺序控制、过程回路控制、设备运转操作、设备监视和报警等基本功能。同时，通过安装上位机软件，实现远程优化功能。采用高频电源SIRIV-85 kV/1200 mA替换原有5个供电分区的常规变压器与高压控制柜，新的10个供电分区直接采用高频电源SIRIV-85 kV/1200 mA，并配新的高压隔离开关柜。对于低压振打系统，需要将现有的电磁振打系统控制接入ERIC控制器，ERIC控制器接入高频电源，实现高低压的统一集中控制，同时建立以太网控制网络，并加装ProMo Ⅲ上位机控制站。通过运行员操作、工程师维护站ProMo Ⅲ，分别对电除尘器安装的高频电源SIRIV实现监控，包括电场高压侧的电压电流运行参数，电场振打系统的运行参数，电场火花率，电场出现的报警、跳闸故障等。根据不同用户的需求，若将上位机接入因特网，则可以对SIR进行实时远程优化控制，保证SIRIV发挥最佳性能。

3.4.3.3 改造清单

本工程采用本体及电控系统改造后，设备清单见表3.20所示。

表3.20 除尘器本体及电控系统改造设备清单（单台炉）

序号	名称	规格型号	单位	数量	备注
1	本体改造				
1.1	阴阳极框架		套	1	
1.2	阳极板		套	1	新型
1.3	阴极线		套	1	芒刺
1.4	振打装置		套	1	侧壁或电磁
1.5	绝缘子电加热器		套	1	
1.6	气流均布板		套	1	
1.7	保温及外护板		套	1	部分
2	电控系统改造				
2.1	SIR 85 kV/1.2 A		台	20	
2.2	MCC		台	20	

表3.20（续）

序号	名称	规格型号	单位	数量	备注
2.3	EPIC3		台	20	
2.4	ERIC		台	2	
2.5	Dell 商务台式机		台	1	
2.6	液晶显示器21英寸		台	1	
2.7	XP专业版操作系统		台	1	
2.8	高压隔离开关柜		套	1	尽量利旧
2.9	PROMO上位机系统		套	1	
2.10	绝缘子及配套		套	1	

3.4.3.4　其他需要说明的问题

除尘器输灰系统各电场设备不做改造，不涉及土建工作内容。控制部分不做大的设备变动。

本方案不会牵扯引风机改造。

3.4.3.5　改造后烟尘排放浓度预估

本工程采用“本体改造+高频电源+两分区”方式，将除尘器板电流密度提高到0.4 mA/m^{2}后，可以提高除尘器飞灰粒子的荷电，提高粒子驱进速度，进而提高除尘器工作效率。

采用改造电源方案提升除尘器的效率受煤种及飞灰的影响。本工程如采用电源改造方案，怀特公式不适用，无法对除尘器效率的提升进行定量的分析。从已运行的高频电源的效果来看，效率一般为15%～30%，本工程目前除尘器检修后2号炉出口排放浓度在237 mg/Nm^{3}左右，按照以上方式改造后，效率预计以最大提高30%计，则除尘器出口烟尘排放浓度可降到165.9 mg/Nm^3，经湿法脱硫系统后，也满足不了环保排放标准。因而，单独改造电控系统方案不具备可行性。

3.4.4　电除尘器本体+增容改造方案（方案四）

3.4.4.1　改造总体思路

根据电厂改造前现场条件，除尘器增容改造思路如下。

（1）除尘器加长（增加电场）。目前，除尘器尾部与引风机连接紧凑，除尘器尾部烟道直接向下引入引风机，除尘器尾部柱脚至引风机室距离不足3 m，且引风机室后方由于有脱硫烟道，无法向后移动，因而在引风机不动的情况下，除尘器没有向后增容的空间，为实现增容，须将引风机的入口斜烟道改造为垂直烟道，以提供向后增容的空间，考虑到现场实际条件，须将引风机变频器、空压机及储气罐等设备进行移位改造。

（2）除尘器增高。目前，除尘器阳极板为14.63 m，本次改造将阳极板高度增高到15.5 m，利用阳极板高度增加来提高除尘器收尘面积。

（3）除尘器加宽。目前，2台除尘器间距为5.532 m，中间有一个直径为3.3 m的烟气再循环管道。为实现除尘器的加宽，本次改造将烟气再循环管道改造为两个矩形烟道，并根据改造情况，对矩形烟道进行相应布置。此外，2台除尘器间的设备及厂房也需进行相应的改造或移位。

（4）本体改造（并配置高频电源）。考虑到电厂投运至今，除尘器内部极板极线损坏严重，应将除尘器本体进行掏空，重新布置阴阳极系统；此外，为最大限度地实现除尘器增效，将全部或个别电厂进行改造分区，并配置高频电源。静电除尘器运行机理见图3.2。

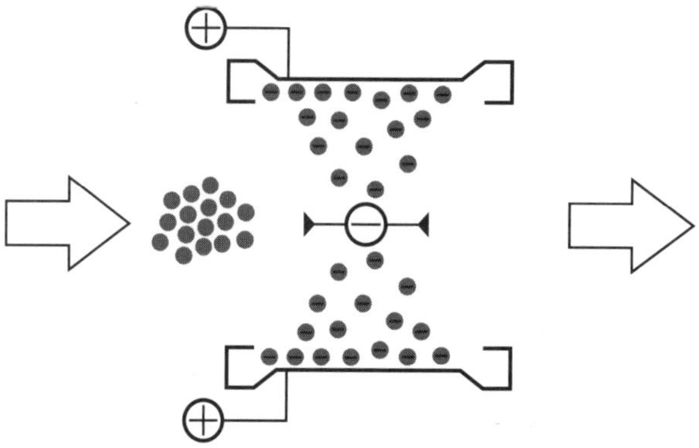

图3.2　静电除尘器运行机理

3.4.4.2　改造方案

根据电厂实际条件，考虑通过以下几方面进行电除尘器扩容。

（1）将原电除尘器改造为七电场结构除尘器。拆除原电除尘器后部引风机房突出部分内的变频器间及厂房支撑结构，在后部增加2个柱距为4 m的小电场，出口封头采用下出风方式，引风机进风从原来45°进风改为垂直进风；除尘器出口喇叭组件整体更新，为减少二次扬尘，在出口喇叭位置重新布置槽型板。

（2）电除尘器加宽。2台电除尘器间距为5.532 m，中间有烟气再循环管道穿过，管径为3.3 m，考虑降低烟气再循环管道高度，同时把单根再循环管改为2只矩形截面烟道，将2台除尘器中间区域改造为有效收尘区（每台除尘器横向扩展2.6 m，增加6个标准400 mm通道），不但可增加收尘面积，而且能降低电场流速约为16%，2只矩形截面烟道从中间加装电场灰斗两边间隙穿插，电除尘器入口喇叭采用非对称结构，内部采取均流措施。

（3）极板加高。拆除原电除尘器顶盖及所有内件，电除尘器壳体须整体加高至3 m（原外罩棚高度约为2.5 m），电场有效高度由14.63 m整体加高到15.5 m，重新布置阴阳极系统，极距不变（400 mm），极板极线等极配形式将进一步优化。因载荷增加，需对梁柱、框架受力进行校核，局部可能进行加固，考虑到外部整体美观，建议保温外护板全部更新。

（4）更新均布装置。拆除原除尘器气流均布装置，并全部换新。

（5）电控系统。一、二、三级电场采用高频电源，型号为1.2 A/85 kV，并对供电进行小分区设计，即单台炉新增12台；其他电场视资金情况配置电源，原则上末电场也可选带有脉冲供电模式的高频电源（改造投资暂不列入）；新增两个电场采用整流变压器，利旧一、二、三电场拆下的整流变压器；电气控制采用“工况自动分析”“反电晕自动检测控制”“节能控制”等软件包，确保达到除尘效果最优、节能最佳的目的。

（6）对振打机构进行彻底改进，阳极考虑采用侧振打，阴极采用侧振还是顶置电磁振打可以进一步优化，同步应用复合式功率控制振打等特设技术。

（7）原输灰系统为负压式输送，新增电场灰斗和中间灰斗输灰考虑在原系统上扩容、改造。

改造后电除尘器本体图见图3.3。

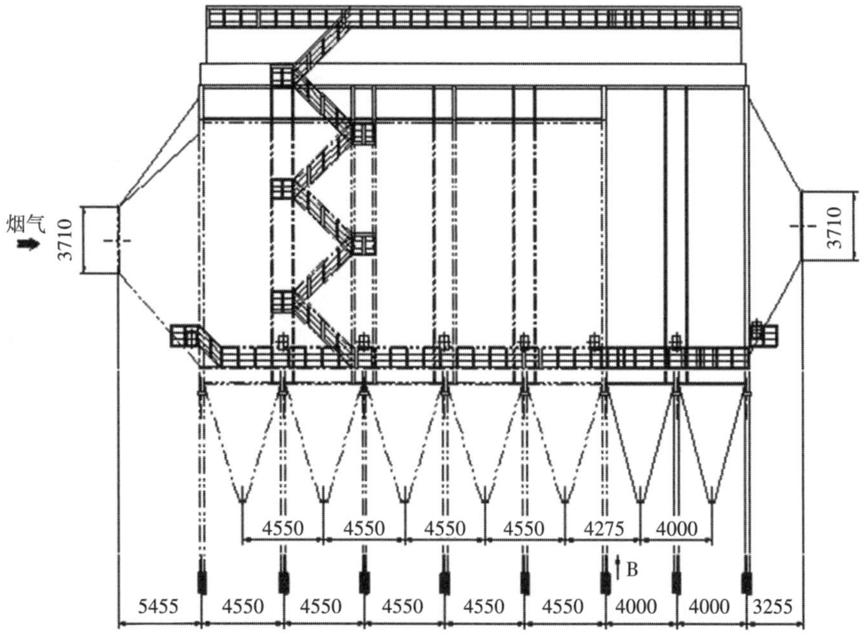

图3.3　改造后电除尘器本体图

电除尘器增容改造后，主要技术参数见表3.21所示。

表3.21 单台电除尘器主要技术参数

序号	项　目	单位	参　数
1	设计烟气量	m^3/h	1007515
2	入口烟尘浓度	g/Nm^3	33.05
3	除尘效率	%	99.816
4	通道数	个	44
5	本体压力损失	Pa	≤200
6	本体漏风率	%	<2.5
7	噪声	dB	≤80
8	有效截面积	m^2	272.8
9	电场数	个	7
10	长高比		1.74
11	电场有效长度	m	25.65
12	电场有效高度	m	15.5
13	电场有效宽度	m	1×17.6
14	室数/电场数	个	1/7
15	阳极板型式		待定
16	阴极线型式		待定
17	总集尘面积	m^2	34987
18	比集尘面积	$m^2/(m^3\cdot s^{-1})$	125.01
19	烟气流速	m/s	1.03
20	烟气停留时间	s	26.2

3.4.4.3 除尘器增容方案可行性分析

（1）技术可行性。根据《燃煤电厂电除尘器选型设计指导书》中的指导意见（见表3.22和表3.23），由于电场的有效驱进速度为5.04 cm/s。在50 mg/Nm^{3}排放标准下，比集尘面积需要达到140 $m^2/(m^3\cdot s^{-1})$；在30 mg/Nm^{3}排放标准下，比集尘面积需要达到170 $m^2/(m^3\cdot s^{-1})$ 以上。本工程增容最大限度可达到125.01 $m^2/(m^3\cdot s^{-1})$，除尘器出口烟尘排放浓度达不到50 mg/Nm³。电厂在最大限度地利用场地进行除尘器增容的前提下，比集尘面积可以达到125.01 m²/(m³·s⁻¹)，除尘器效率可以达到99.816%，计算后，除尘器出口烟尘排放浓度可以降到60.7 mg/Nm³，经过湿法脱硫后，烟尘排放浓度达标存在很大的技术风险。

表3.22　30 mg/m³粉尘排放标准下的燃煤电厂电除尘器选型设计指导意见

ω_k值	电除尘器所需电场数量/个	电除尘器所需比集尘面积/(m²·m⁻³·s)	电除尘器适应性分析结论
ω_k≥55	≥4	≥100	推荐使用电除尘器
45≤ω_k<55	≥5	≥130	
40≤ω_k<45	≥5	≥140	
35≤ω_k<40	≥6	≥170	可以使用电除尘器，建议采用配套技术
ω_k<35			暂不推荐使用电除尘器

表3.23　50 mg/m³粉尘排放标准下的燃煤电厂电除尘器选型设计指导意见

ω_k值	电除尘器所需电场数量/个	电除尘器所需比集尘面积/(m²·m⁻³·s)	电除尘器适应性分析结论
ω_k≥55	≥4	≥100	推荐使用电除尘器
45≤ω_k<55	≥4	≥110	
35≤ω_k<45	≥5	≥120	
25≤ω_k<35	≥6	≥140	可以使用电除尘器
ω_k<25	≥6	≥170	建议在进行全面、细致的技术经济性分析后，决定是否采用配套实用技术

（2）实施可行性。采用方案四后，为实现增容，需进行设备的搬迁、厂房的移位恢复等，施工难度较大，具体如下。

① 场地整改范围大。为了最大限度地提高收尘面积，1号机需要拆除引风机房前部两处突出部分及内部变频设备，拆除灰浆泵出口管道及暗渠、大量相关地下设施，2号机需增加飞灰分选MCC电源盘、空压机、冷干机等设备，以及原引风机起重吊车，还要论证是否移动灰浆泵房两侧管道支架，这将牵涉大量公用系统管道及电缆，应详细论证。现场情况见图3.4所示。

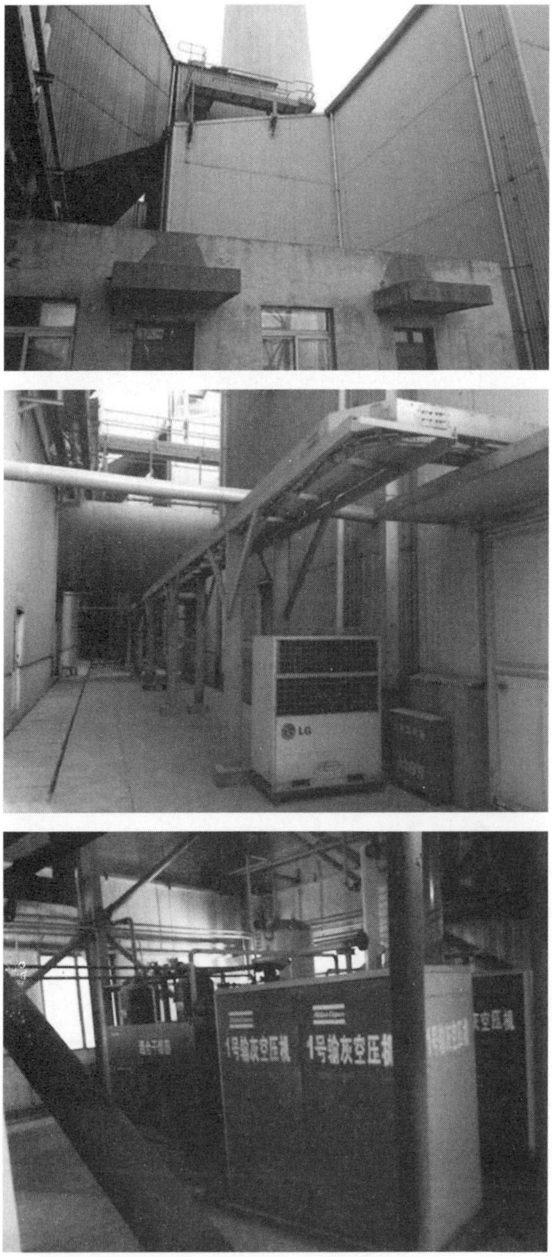

图3.4　除尘器周围须移位改造的部分构筑物及设备

② 施工难度大。目前，围绕电除尘及引风机房建设有大量其他设施及设备，导致需要利用的空间狭小，无大型施工设备进入空间及通道，施工比较困难，如2号电除尘器西侧分选管道大型支架导致打桩机难以靠近2号电除尘器等。

③ 基础施工难度大，时间长。新增电场需要新做基础，由于场地狭小，大型设备难以靠近，而人工或小型设备开往将导致工期漫长，电厂地域属于吹填及鸭绿江冲积地形，地下岩石层较深，开挖难度很大。目前无法确认在开往基础时是否需要提前拆

除引风机房前突出部分金属结构，如果要提前拆除，直接影响电除尘器出口喇叭的支撑结构，导致电除尘器无法运行，所以，在施工环境及时间节点的选择上都比较困难。

④ 设计难度较大。由于受到场地限制，不得不采用电除尘器不对称入口喇叭及出口下至喇叭的设计，这为电除尘器内部流场及均风设计带来了困难，需要较高的设计能力及大量的实验及模拟，才能达到设计目标。

考虑以上因素，预计每台炉改造施工工期约为150 d，停炉工期约为100 d。

（3）结论。经以上分析，在技术层面，除尘器增容后，经计算，除尘器比集尘面积可以达到125.01 $m^2/(m^3 \cdot s^{-1})$，烟尘排放浓度可降至60.7 mg/Nm^3，经湿法脱硫后，烟尘浓度达到30 mg/Nm^3的排放标准要求存在很大的技术风险；此外，按照《燃煤电厂电除尘器选型设计指导书》改造后，除尘器比集尘面积达不到《燃煤电厂电除尘器选型设计指导书》中要求，依据电厂飞灰驱进速度，《燃煤电厂电除尘器选型设计指导书》中不建议采用电除尘技术方式。采用电除尘器增容改造方式，不仅技术可靠性差，而且施工难度较大。无论是喇叭口偏置，还是最大限度地加长、加宽、加高，都增加了除尘器本体的设计难度、施工难度，存在场地情况较大的挑战性，任何一个难点得不到解决和落实，都将导致这一设想无法实施。所以，需要专业厂家及科研院所对总体方案及相关细节做进一步的论证和勘察，设备的移位改造需要有整体的设想。初步估计，采用增容方案施工工期约为150 d，停炉工期约为100 d，停炉时间过长将会极大地影响企业的发电收益。

3.4.5　低低温省煤器+本体改造方案（方案五）

3.4.5.1　改造目的

采用低低温省煤器，是在除尘器入口处加装热回收器，以降低除尘器入口烟温，提高除尘器比集尘面积，降低烟尘比电阻，减少除尘器入口烟气量，提高除尘器效率，达到提高除尘器效率与节能的目的。

本工程采用低低温省煤器方案后，同步将除尘器本体进行改造，保留壳体，更换阴阳极系统（具体参见方案三），采用组合技术，降低烟尘浓度。

3.4.5.2　低低温省煤器系统简介

利用烟气余热加热凝结水是目前电厂余热回收应用最多的一种方式，其节能原理是汽轮机热力系统中的凝结水在烟气热量回收系统中吸收排烟热量，降低排烟温度，自身被加热、升高温度后，再返回汽轮机低压加热器系统，代替部分低压加热器的作用。

低低温省煤器将节省部分汽轮机的回热抽汽，在汽轮机进汽量不变的情况下，节省的抽汽从抽汽口返回汽轮机，继续膨胀做功，因此，在发电量不变的情况下，可节约机组的能耗。图3.5是烟气热量回收装置的系统连接示意图。

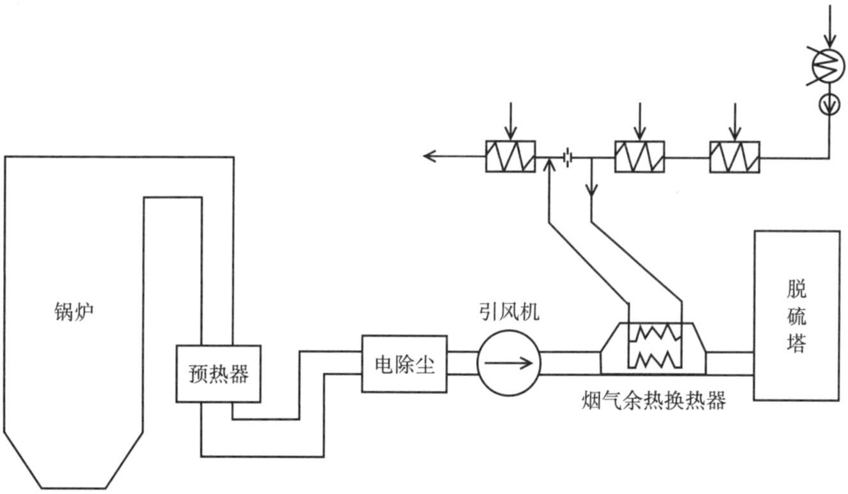

图3.5 低低温省煤器系统示意图

3.4.5.3 低低温省煤器可行性分析

低低温技术的理论基础是烟气经烟气换热器冷却后，温度从120～160 ℃降到95～110 ℃，烟气中的SO_3与水蒸气结合，生成硫酸雾，此时的烟气由于未采取除尘措施，SO_3被飞灰颗粒吸附，当吸附SO_3的烟尘颗粒进入电除尘器时，被电除尘器捕捉，并随飞灰排出，不仅保证了更高的除尘效率，而且解决了下游设备的防腐蚀问题。对电除尘器的突出好处是降低除尘器入口烟温，提高除尘器比集尘面积，降低烟尘比电阻，减少除尘器入口烟气量，提高除尘器效率，达到提高除尘器效率与节能的目的。

在实际应用中，采用低低温技术且能够稳定运行的前提有两个。① 烟湿。需要保证除尘器入口烟温高于酸露点（本工程设计煤种、校核煤种下酸露点温度分别为93 ℃和97 ℃），以防止发生腐蚀。② 场地。需要有安装低低温烟气换热器的空间，目前电厂已完成脱硝SCR改造，SCR反应器布置在除尘器入口烟道上方，SCR反应器钢架支撑在除尘器入口烟道下方（现场情况见图3.6）。脱硝改造后，除尘器入口烟道完全被脱硝装置及其钢架所占据，空预器出口水平烟道有4.781 m。低低温省煤器运行机理见图3.7。

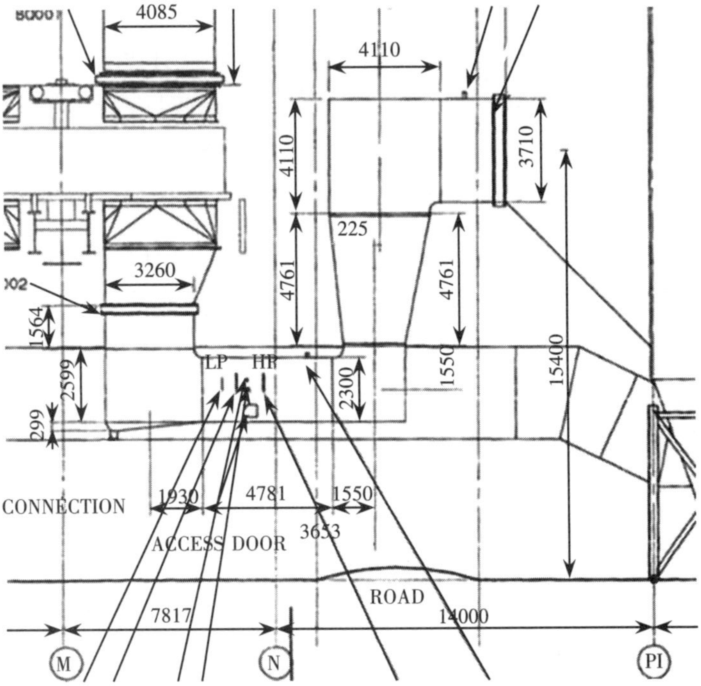

图3.6　除尘器入口烟道布置图

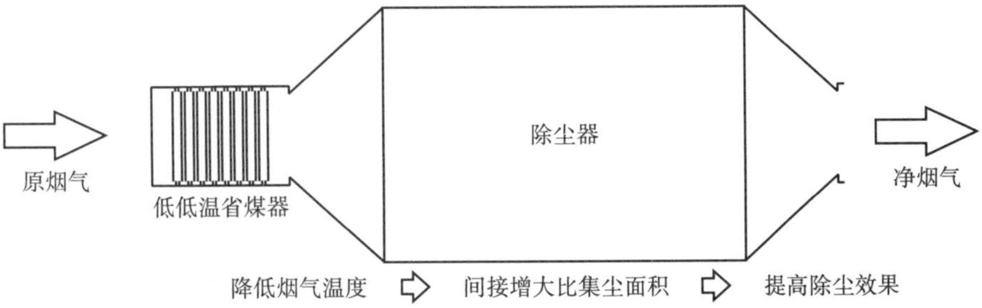

图3.7　低低温省煤器运行机理

3.4.5.4　改造方案

（1）低低温省煤器布置图。本工程采用低低温省煤器，在锅炉下游烟道中加装烟气热量回收装置，以吸收排烟余热，将排烟温从125 ℃降到90 ℃左右，提高机组的经济性，节约能源。由于低低温省煤器的传热温差低，导致换热面积较大，占地空间也较大，所以，在加装低低温省煤器时，需合理考虑其在锅炉现场的布置位置，并采用受热面优化设计方法来缩小低低温省煤器的外形尺寸，缓解布置上的困难。如采用翅片管代替光管，可增加换热面积，减少管排的数量。本工程低低温省煤器装置拟安装在除尘器进口垂直烟道中，沿烟气方向大约有5000 mm的布置空间。

（2）主要设计参数。低低温省煤器布置在空气预热器出口之后的垂直烟道中，电除尘之前，数量为2台，换热器高度为3.2 m。烟气换热器的换热管组采用模块化设计，每台换热10个模块，上下2组，左右5组。单台炉总计20个模块。每组换热管组进、出口设有联箱，联箱采用水平布置。管组采用蛇形管排，水流方向与烟气方向逆流布置。管组换热元件采用H型翅片管，换热管及翅片管均采用优质ND钢（09CrCuSb）。低低温省煤器的主要性能、结构参数见表3.24所示。

表3.24　本工程低低温省煤器主要设计参数表

序号	项　目	单位	BMCR工况	备注
1	结构参数			
1.1	台数（单台机组配置）		2	
1.2	每台换热器前后管组数		2	单台换热器串联
1.3	每台换热器横向管组数		5	单台换热器并联
1.4	管头数		1	
1.5	单/双侧进出水		单侧进水	
1.6	换热器布置方式		垂直	
1.7	管排布置方式		顺列	
1.8	烟道高度/宽度	m	8.285	
1.9	烟道宽度/长度	m	4.700	
1.10	管束左右分组中间距离	m		
1.11	烟道外壳厚度	mm	6.00	
1.12	管子规格（外径）	mm	38.00	
1.13	管子规格（厚度）	mm	4.00	
1.14	是否局部加厚		否	
1.15	局部加厚管排数（纵向）			
1.16	加厚管排壁厚			
1.17	横向节距	mm	110.00	
1.18	纵向节距	mm	100.00	
1.19	管束横向排数		75	
1.20	管束纵向排数		24	
1.21	每组管束厚度	m	1.2+1.2	

表3.24（续）

序号	项　目	单位	BMCR工况	备注
1.22	串联管组中间距离	m	0.40	
1.23	换热器高度/厚度	m	3.2	沿烟气流动方向
1.24	换热元件结构形式		H型翅片管	
1.25	翅片节距	mm	18.00	
1.26	翅片高度	mm	100	
1.27	翅片厚度	mm	2.00	
1.28	换热面积	m^2	19427	单台机组合计
1.29	换热管材料		ND钢	
1.30	翅片材料		ND钢	
1.31	水容积	m^3	16	单台机组合计
1.32	管组总重量	t	250	单台机组合计
1.33	换热器总重量	t	331	单台机组合计
2	热力参数			
2.1	给定烟气量	Nm^3/h	1212152.00	单台机组合计
2.2	工质（水）流量	t/h	468.40	单台机组合计
2.3	入口烟气温度	℃	125.00	
2.4	出口烟气温度	℃	90	
2.5	进口水温	℃	65.00	
2.6	出口水温	℃	95.00	
2.7	换热功率	kW	16353	
2.8	烟气平均流速	m/s	10.20	
2.9	烟气流动压力	Pa	346	
2.10	换热器水侧阻力	kPa	79	
2.11	平均水速	m/s	1.26	0.6 ~ 2.5
2.12	修正后传热系数	W/(m^2·℃)	33.77	
2.13	设计裕量	%	10.03	

（3）防止磨损采取的技术措施。省煤器磨损是国内外各电厂锅炉普遍存在的问题，也是本次改造要考虑的技术要点之一。由于1号、2号炉除尘器入口浓度达到33.051 g/Nm^3，存在磨损的风险。应采取以下措施，改善磨损状况，确保安全性。

① 采用大管径、厚壁管。由于磨损速度反比于管径，加之壁厚增大，可有效减轻受热面的磨损；设计上，避免出现烟气走廊、烟气偏流、局部旋涡；在所有弯头、烟气走廊部分，设计安装防磨设施。另外，在电除尘器前烟气换热器进风侧安装假管和防磨护瓦，以减轻烟气对后续换热管束的磨损。

② 选用防磨损性能优异的H型翅片管。通过选择合理的翅片高度和翅片节距，使烟气流过时，会在黏性力作用下，在翅片表面形成附面层，出现较小的涡旋区，大颗粒飞灰不能接触到基管表面。此外，在肋片作用下，烟气横向冲刷规律不同于光管（集中冲击特定范围），而是沿管子表面相对均匀分布，减少了管子外表面的局部磨损。

（4）防止积灰采取的技术措施。关于防止受热面积灰，也是重点考虑的因素。

① 设计合适的烟速，保证将烟气中灰分带出。

② 设置吹灰器系统。运行中定时吹灰，减少积灰发生。

③ 机组小修、事故停运或大修时，检查积灰状况，并利用压缩空气或高压水进行人工清灰。

④ 选用防积灰性能优良的H型翅片管。

（5）防冻措施。由于烟气换热器本体及其管道为室外布置，而大连地区冬季气温处于0 ℃以下的时间较长，在这种可能的寒冷天气情况下，机组停运时烟气换热器内会因存有大量积水而容易造成换热管冻坏。因此，机组冬季停运时，应采取以下措施。

① 系统投运前，供水管道及排气、排污阀均已设置有保温层。

② 设备本体各管组的集箱和母集箱、供水管道均设置有排污阀，停运后，及时开阀排污。

③ 可在设备本体各管组集箱的排气阀处引入厂用压缩空气，利用压缩空气可加快管束内的积水排出。

（6）吹灰方案。为了避免烟气冷却器出现严重的积灰，需设置吹灰器系统。运行中定期吹灰，减少积灰发生。目前较为常用的吹灰方式是蒸汽吹灰和压缩空气吹灰。本工程推荐选用蒸汽吹灰器。

3.4.5.5 酸露点计算及防腐蚀说明

（1）酸露点的计算。

① 酸露点问题。当烟气温度降低到一定值时，就会有一部分水蒸气冷凝成水滴形

成结露现象，结露时的温度称为露点。高温烟气除含水分外，往往含有SO_3或其他酸性气体，使露点显著提高，有时可提高到100 ℃以上，因含有酸性气体而形成的露点称为酸露点。对于锅炉的烟气露点温度，针对同一种烟气成分，应用不同的研究结论进行计算所得到的烟气露点温度差别很大。一般来讲，烟气露点温度和燃煤成分中的水含量、硫含量、氢含量、灰分含量、发热量、炉膛燃烧温度、过量空气系数等因素有关，这些因素的影响幅度不同，所以有的计算中会忽略某些因素的影响。

② 酸露点计算。在众多酸露点计算公式中，苏联1973年锅炉热力计算标准中推荐的公式应用最广泛，也比较接近实际。烟气酸露点温度计算公式为

$$t_{ld}=t_{ld}^{0}+\beta\frac{\sqrt[3]{S_{zs}}}{1.05^{\alpha_{fh}\cdot A_{zs}}}$$

式中，t_{ld}——酸露点温度；

t_{ld}^{0}——水露点温度；

$\beta=125$；

S_{zs}——折算硫分；

A_{zs}——折算灰分；

α_{fh}——飞灰含量，取$\alpha_{fh}=0.9$。

带入本工程的三个煤种进行计算后，结果为：

- 根据设计煤种计算，电除尘前的烟气酸露点为93.0 ℃，水露点为45.7 ℃。
- 根据校核煤种计算，电除尘前的烟气酸露点为97.0 ℃，水露点为46.2 ℃。

（2）防腐说明。本工程低低温省煤器采用双H型翅片扩展受热面结构形式，传热元件采用09CrCuSb（企业代号ND钢）。H型翅片具有换热系数高和优异的防磨性能，不易积灰，阻力小等优点。ND钢是目前国内外最理想的“耐硫酸低温露点腐蚀”用钢材，被广泛地应用于制造在高含硫烟气中服役的省煤器，空气预热器、热交换器和蒸发器等装置设备，用于抵御含硫烟气结露点腐蚀。ND钢还具有耐氯离子腐蚀的能力。ND钢管与碳钢、日本进口同类钢、不锈钢耐腐蚀性能相比，要高于这些钢种。具体数据见表3.25。

表3.25　09CrCuSb钢（ND钢）同其他钢种的比较

钢种	09CrCuSb（ND钢）	CRIR（日本）	1Cr18Ni9	Corten	S-TEN（日本）	A3（Q235B）
腐蚀速度	7.30	13.40	21.70	63.00	27.4	103.50
倍数	1	1.84	2.97	8.63	3.75	14.11

长期处于锅炉烟气低温腐蚀中的ND钢管，每年的腐蚀减薄量小于0.2 mm，因此选择ND钢制造烟气余热换热设备的换热元件是安全可靠的。在本工程中，可选用

4 mm厚的ND钢管，它可保证设备安全运行10年左右。

3.4.5.6 对相关设备的影响

（1）对引风机与增压风机的影响。本次改造后，引风机新增烟气总流阻为346 Pa，在锅炉处于满负荷运行情况下，增设低低温省煤器后，引风机阻力增加约为7.19%；同时，由于排烟温度降低了35 ℃，使引风机入口体积流量减少7.63%。通过计算，采用低低温省煤器之后，由于风量减少导致的引风机电耗减少基本可以抵消引风机因为阻力增加所带来的电耗增加，因此，增加受热面积后，不会影响引风机和锅炉的正常功率。

（2）对脱硫系统的影响。增设低低温省煤器系统后，进入脱硫塔的烟气温度从125 ℃降到90 ℃，烟气温度降低35 ℃，大大减少了脱硫塔的蒸发量。经计算，可节水约为16.5 t/h，年节水约为7.5万吨。此外，随着烟气量减少，可提高脱硫效率及脱硫塔内零部件的使用寿命。

（3）对除氧器的影响。本工程增加低低温省煤器后，在除尘器入口烟道换热面设置低低温省煤器，低压加热器主要是提供初期用水及日常小流量补水，在初期会造成除氧器进水温度小幅降低，但不会对除氧器造成不利影响。

（4）对锅炉及煤耗的影响。安装低低温省煤器后，锅炉效率可提高0.537%，发电标准煤耗可降低1.55 g/kWh。

3.4.5.7 改造方案的除尘效果评估

本工程如采用低低温+本体改造技术，烟气温度由125 ℃降到90 ℃后，烟气量可由1007515 m^3/h降到918914 m^3/h，降低幅度达8.79%，比电阻由10^{13}降至10^{12}；改造前除尘器比集尘面积为74.49 $m^2/(m^3 \cdot s^{-1})$，改造后比集尘面积为81.68 $m^2/(m^3 \cdot s^{-1})$，除尘器效率可由99.162%提高到99.472%，提高了0.310%；除尘出口烟尘排放浓度为175 mg/Nm^3（按照改造入口设计值为33.05 g/Nm^3考虑），进一步将除尘器一、二电场整流变压器全部更换为高频电源，并采用双区供电（单炉新增8台高频电源，型号为SIRIV-85 kV/1200 mA），考虑到高频电源预计最大能提高30%，烟尘排放浓度可降至122.5 mg/Nm^3，仍无法满足本次改造的要求，因而低低温省煤器+本体改造方案不具备可行性。

3.5 气力输送系统改造

3.5.1 输灰系统简述及改造的必要性

电厂每台炉配备2台单室五电场静电除尘器用于集尘，每台电除尘器单个电场下设2个灰斗，共10个灰斗。飞灰采用负压气力输送，每台炉设3个负压风机（2运1备）。飞灰经除尘器收集后，落入灰斗，单电场下方2个灰斗用一根Φ229 mm管道串联后，经一根Φ254 mm母管输送至灰库上方的分离器分选后，落入灰库。另外，省煤器灰斗飞灰也经由Φ229 mm管道变径至Φ254 mm输送至灰库，省煤器灰斗为4个/炉。

改造的必要性。电厂2台机组除尘器均使用美国UCC公司设计的负压式输灰系统，设计的原理为负压系统输送，输灰系统已经运行15年。目前运行出现的主要问题有以下几点。

① 系统运行的灰气比低，输送灰料能力低，灰粉气流流速高，对系统各部件磨损严重，经常发生堵管、漏气、喷灰等故障，已出现输送功率不足现象，影响了机组的正常稳定运行。

② 负压输灰系统能源消耗高，可靠性低，进口备件多，价格昂贵，维护量及维护成本极高，运行很不经济；

③ 经计算，目前输灰系统满负荷的实际灰量达44t/h，已超出负压系统的输送能力。另外，电厂提高设备的利用率，拟将除尘器飞灰引入电厂2号机组附近的粗细灰库，该段输送距离达350 m，也超出了负压输灰系统的设计要求；

综上所述，为提高机组运行的稳定性、安全性及经济性，迫切需要结合目前国内成熟可靠的输送技术对该系统做彻底改造。

3.5.2　输灰系统改造——电袋方案

3.5.2.1　输灰系统改造参数

除尘器改造为电袋复合除尘器后，各电场灰量分布见表3.26。

表3.26　改造前后锅炉排灰量

序号	项目	单位	改造前实际灰量	改造后实际灰量	改造后设计灰量	改造后一电场故障时设计灰量
1	锅炉总灰量	t/h	44	44	57.2	57.2
2	一电场	t/h	35.2	35.2	45.76	5.72
3	二电场	t/h	7.04	7.04	9.152	41.184
4	三电场	t/h	1.408	0.5867	0.7396	3.432
5	四电场	t/h	0.2816	0.5867	0.7396	3.432
6	五电场	t/h	0.05632	0.5867	0.7396	3.432

3.5.2.2　输灰系统改造方案

总体思想：拆除现有负压输灰系统，安装正压浓相气力输灰系统，考虑到现场灰斗下方仓泵安装空间不足，将现有灰斗一分为二，改造为2个小灰斗（单台除尘器灰斗数量由改造前10个变为20个），从而为仓泵安装提供空间；在省煤器灰斗下方安装仓泵，将省煤器飞灰输送至灰库，省煤器飞灰按照锅炉额定排灰量5%考虑，每台炉省煤器输灰系统设计出力为3 t/h，改造前单个灰斗实际输送出力为0.75 t/h；本次改造同时考虑将脱硝入口灰斗飞灰经输送系统输送至灰库。

（1）除尘器输灰系统设备改造方案。根据上述灰量分布分析及对系统出力的要求，除尘器输灰系统改造可按照以下方式考虑。① 灰管改造。一、二电场共享一根灰管（灰管一），袋区共享一根灰管（灰管二）。各灰管设计出力：灰管一为54.91 t/h，灰管二为10.29 t/h。每根输送管道可以任意切换两座灰库。灰直管部分采用20号无缝钢管（壁厚不小于10 mm），弯头采用内衬陶瓷耐磨弯头（耐磨陶瓷层厚度不小于6 mm，钢管层厚度不小于12 mm）。② 配置仓泵。结合正压输送系统设计，并考虑改造后设计灰量要求，需在除尘器灰斗下方设置仓泵；仓泵容积为一、二电场仓泵1 m^3，三、四、五电场仓泵0.15 m^3；所有仓泵均采用LTR-M型。③ 仓泵配套阀门。一、二电场每4个仓泵配为1个输送单元。三、四、五布袋区8台仓泵为一个输送单元；一、二电场每台仓泵配置1个平衡阀，三、四、五袋区每8个仓泵配1个平衡阀；仓泵进料阀采用*DN*200摆动阀，出料阀采用*DN*100/*DN*125双闸阀，平衡阀采用*DN*65摆动阀。④ 电控系统改造。现场每个仓泵配1台就地控制箱（单台炉新增20台）。对原有输灰系统电控部分改造，控制系统采用PLC+CRT控制方式，电缆、桥架等尽量利旧。⑤ 气源改造。2台机组4根灰管输送所需气量为59 Nm^3/min，考虑1.1安全系数，为64.9 Nm^3/min。因此，考虑空压机效率因数后，本工程2台炉共新增3台43.6 Nm^3/min空压机（250 kW）及其配套设备，2运1备，选用Atlas-Copco公司产品，型号为ZR275。根据现场条件，新增空压机原则上可利用现有且将拆除的负压输灰风机位置，具体位置待定，不新建空压机房，不设储气罐。⑥ 其他。灰库区新增2台布袋除尘器，增加切换阀及真空压力释放阀。

（2）省煤器输灰系统设备改造方案。① 灰斗改造。根据现场情况，拟将省煤器灰斗进行拆分，改造为2～3个小灰斗（现阶段资料不足，查询不到灰斗尺寸具体数据），报告暂按照改造为2个小灰斗考虑（设备清单与改造投资），灰斗按照锅炉BMCR工况下5%锅炉最大排灰量、8 h储灰量考虑。② 仓泵改造。在灰斗下方安装仓泵，每个灰斗对应1个仓泵，单台炉省煤器灰斗输灰设计出力为3 t/h，仓泵容积与仓泵数量有关。③ 灰管改造。单台炉省煤器灰斗仓泵为1个输送单元，最终由1根*DN*100/*DN*125管路输送至灰库。④ 电控系统改造。现场每台仓泵配1台就地控制箱。⑤ 气源改造。单台炉设计输送空气量为4.5 t/h，利用除尘器输灰系统空压机。

（3）脱硝入口飞灰输送系统。目前，脱硝入口共有6个灰斗/炉，本次改造将飞灰经由仓泵发送至电厂灰库，具体改造方案同省煤器输灰系统。本工程改造后，输灰系统改造设计参数表见表3.27。

表3.27　输灰系统改造设计参数表

参数	电袋除尘器输灰系统		省煤器输灰系统	脱硝入口灰斗输灰系统
	灰管一	灰管二	灰管三	灰管四
管径/mm	150/200	100/125	100/125	100/125
当量长度/m	450	450	450	450
输送量/t/h	>54.91	>10.29	>3	>3
输送空气量/Nm^3/min	17	4.5	4.5	4.5
粗灰吹扫/Nm^3/min	25 ~ 37			

注：空气大气压为101.5 kPa，标况温度为200 ℃。

（4）输送距离。最远水平输送距离为350 m，爬高约为30 m，弯头约为8个，输送当量长度为450 m。

3.5.2.3　设备改造清单

本工程改造后，除尘器输灰系统改造设备清单见表3.28所示。

表3.28　除尘器输灰系统设备改造清单（2台炉）

序号	名称	规格	单位	数量	备注
1	机务部分				
1.1	手动插板阀	*DN*200	个	80	
1.2	方圆节	非标	个	80	
1.3	落灰管	*DN*200	个	80	
1.4	伸缩节	*DN*200	个	80	
1.5	一、二电场仓泵及其组件	1 m^3	套	32	
1.5.1	进料阀	*DN*200	台	32	
1.5.2	出料阀	*DN*150	台	8	
1.5.3	平衡阀	*DN*65	台	32	
1.5.4	清堵阀	*DN*80	台	2	
1.5.5	一次气组件		套	8	
1.5.6	三次气组件		套	8	
1.5.7	助吹气组件		套	4	

表3.28（续）

序号	名称	规格	单位	数量	备注
1.6	三、四、五布袋区仓泵及其组件	0.15 m^3	套	48	
1.6.1	进料阀	*DN*200	台	48	
1.6.2	出料阀	*DN*150	台	6	
1.6.3	平衡阀	*DN*65	台	6	
1.6.4	清堵阀	*DN*80	台	2	
1.6.5	一次气组件		套	6	
1.6.6	三次气组件		套	6	
1.6.7	助吹气组件		套	2	
2	管道部分				
2.1	输灰管道	100/125/150/200	套	2	
2.2	耐磨弯头及三通	100/125/150/200	套	2	
2.3	气管		套	2	
2.4	法兰等连接附件		套	2	
2.5	库顶切换阀	*DN*125	套	2	
2.6	库顶切换阀	*DN*200	套	2	
3	控制部分				
3.1	PLC控制柜		面	2	
3.2	仓泵就地箱	600×550×310	面	80	
3.3	库顶切换阀箱	600×550×310	面	2	
3.4	料位开关		台	32（一、二电场）	
3.5	压力变送器	0 ~ 1 MPa	台	8	
3.6	压力表	0 ~ 1 MPa	台	18	
3.7	隔膜压力表	0 ~ 1 MPa	台	4	
4	库顶设备				
4.1	布袋除尘器	LMC-120	台	2	
4.2	真空压力释放阀	508	台	2	
5	输灰空压机及配套	Atlas-Copco	台	3	

省煤器、脱硝入口灰斗输灰系统改造设备清单见表3.29所示。

表3.29　省煤器、脱硝入口灰斗输灰系统设备改造清单（2台炉）

序号	名称	规格	单位	数量	备注
1	机务部分				
1.1	手动插板阀	*DN*200	个	28	
1.2	方圆节	非标	个	28	
1.3	落灰管	*DN*200	个	28	
1.4	伸缩节	*DN*200	个	28	
1.5	省煤器仓泵及其组件	0.15 m^3	套	28	
1.5.1	进料阀	*DN*200	台	28	
1.5.2	出料阀	*DN*150	台	14	
1.5.3	平衡阀	*DN*65	台	14	
1.5.4	清堵阀	*DN*80	台	2	
1.5.5	一次气组件		套	4	
1.5.6	三次气组件		套	4	
1.5.7	助吹气组件		套	4	
1.6	库顶切换阀	*DN*125	套	2	
1.7	输灰管道	100/125	套	4	
1.8	耐磨弯头及三通	100/125	套	4	
1.9	气管		套	4	
1.10	法兰等连接附件		套	4	
2	控制部分				
2.1	仓泵就地箱	600×550×310	面	28	
2.2	库顶切换阀箱	600×550×310	面	4	
2.3	压力变送器	0 ~ 1 MPa	台	4	
2.4	压力表	0 ~ 1 MPa	台	4	
2.5	隔膜压力表	0 ~ 1 MPa	台	4	

3.5.3　输灰系统改造——布袋方案

3.5.3.1　输灰系统改造参数

除尘器改造为布袋除尘器后，各电场灰量分布见表3.30。

表3.30　改造前后锅炉排灰量

序号	项目	单位	改造前实际灰量	改造后实际灰量	改造后设计灰量
1	锅炉总灰量	t/h	44	44	57.2
2	一电场	t/h	35.2	8.8	11.44
3	二电场	t/h	7.04	8.8	11.44
4	三电场	t/h	1.408	8.8	11.44
5	四电场	t/h	0.2816	8.8	11.44
6	五电场	t/h	0.05632	8.8	11.44

3.5.3.2　输灰系统改造方案

根据上述灰量分布分析及对系统出力的要求，除尘器输灰系统改造按照以下方式考虑。

（1）灰管改造。每台炉按照除尘器气流分布配置2根灰管（灰管一、二），均匀分配同样仓泵数量在2根灰管上；各灰管出力为：灰管一、二均为28.6 t/h。

（2）配置仓泵。结合正压输送系统设计，在除尘器灰斗下方设置仓泵。一、二、三、四、五电场仓泵均为0.5 m^3，所有仓泵采用LTR-M型。

（3）仓泵配套阀门。一、二、三、四、五布袋区每4台仓泵配为1个输送单元。一、二、三、四、五布袋区每2台仓泵配置1个平衡阀。

（4）电控系统改造。见电袋方案。

（5）气源改造。见电袋方案。

（6）省煤器输灰系统设备改造方案。见电袋方案。

（7）脱硝入口灰斗飞灰输送系统设备改造方案。见电袋方案。

本工程改造后，输灰系统改造设计参数表见表3.31。

表3.31　输灰系统改造设计参数表

参数	除尘器输灰系统	省煤器输灰系统	脱硝入口灰斗输送系统
	灰管一、二	灰管三	灰管四
管径/mm	100/125	100/125	100/125
当量长度/m	450	450	450
输送量/$(t\cdot h^{-1})$	>28.6	>3	>3
输送空气量/$(Nm^3\cdot min^{-1})$	9.7	4.5	4.5
粗灰吹扫/$(Nm^3\cdot min^{-1})$	14.5 ~ 21.5		

注：空气大气压为101.5 kPa，标况温度为200 ℃。

（8）输送距离。最远水平输送距离为350 m，爬高约为30 m，弯头约为8个，输送当量长度为450 m。

3.5.3.3　设备改造清单

本工程改造后，除尘器输灰系统改造设备清单见表3.32所示。

表3.32　除尘器输灰系统设备改造清单（2台炉）

序号	名称	规格	单位	数量	备注
1	机务部分				
1.1	手动插板阀	*DN*200	个	80	
1.2	方圆节	非标	个	80	
1.3	落灰管	*DN*200	个	80	
1.4	伸缩节	*DN*200	个	80	
1.5	仓泵及其组件	0.5 m^3	套	80	
1.5.1	进料阀	*DN*200	台	80	
1.5.2	出料阀	*DN*150	台	20	
1.5.3	平衡阀	*DN*65	台	40	
1.5.4	清堵阀	*DN*80	台	2	
1.5.5	一次气组件		套	20	
1.5.6	三次气组件		套	20	
1.5.7	助吹气组件		套	20	
2	管道部分				
2.1	输灰管道	125/150	套	2	
2.2	耐磨弯头及三通	125/150	套	2	
2.3	气管		套	2	
2.4	法兰等连接附件		套	2	
2.5	库顶切换阀	*DN*150	套	4	
3	控制部分				
3.1	PLC控制柜		面	2	
3.2	仓泵就地箱	600×550×310	面	80	
3.3	库顶切换阀箱	600×550×310	面	2	

表3.32（续）

序号	名称	规格	单位	数量	备注
3.4	压力变送器	0～1 MPa	台	8	
3.5	压力表	0～1 MPa	台	18	
3.6	隔膜压力表	0～1 MPa	台	4	
4	库顶设备				
4.1	布袋除尘器	LMC-150	台	2	
4.2	真空压力释放阀	508	台	2	
5	输灰空压机及配套	Atlas-Copco	台	3	

省煤器输灰系统、脱硝入口灰斗输灰系统设备改造清单同电袋方案。

3.6 引风机改造

3.6.1 改造原因

3.6.1.1 电袋改造导致锅炉烟风系统压力增加

电除尘器改造成电袋除尘器，使锅炉烟气系统压力增大，这就需要引风机有足够的压头来克服压力。电袋除尘器的保证运行压差在1200 Pa范围内，相对于电除尘器的运行压差提高了1000 Pa的压头，这个额外增加的压头需要提高引风机的工作压头来抵消。

3.6.1.2 增引合一导致风机压头必须增加

为了落实环保部《关于实施火电企业旁路挡板铅封的通知》（环办〔2010〕91号），适应脱硫系统拆除旁路挡板的需要，电厂已对2台机组脱硫系统旁路烟道进行了拆除，为了提高风机系统的稳定性，需要对机组烟风系统进行改造，在除尘器改造（电袋、布袋）的基础上，风机改造方式有以下两种。

① 方案一。增引合一，取消增压风机，对引风机增容改造。

② 方案二。保留增压风机，对引风机增容改造。

由于本工程锅炉共设置有2台引风机与1台增压风机，如果取消引风机对增压风机进行增容，为了保证锅炉运行的稳定性，必须新增1台增压风机，形成2台增压风机配置。根据现场条件，没有新增增压风机与相应烟道的空间，因而不考虑引增合一（保留增压风机）的方案。

本书将对方案一与方案二两种改造方案进行论证。

3.6.2　引风机改造——电袋方案

3.6.2.1　引风机改造设计参数的确定

电厂每台机组配备2台双吸双速离心式风机，1台静叶可调轴流式增压风机。为了确定引风机改造的设计参数，电科院在电厂机组处于满负荷下，进行了引风机与增压风机的性能测试，测试结果见表3.33和表3.34。

表3.33　引风机试验主要结果计算表

风机类型	2号炉引风机						
名称	单位	工况1（100%负荷）		工况2（75%负荷）		工况3（60%负荷）	
发电负荷	MW	350		265		210	
锅炉蒸发量	t/h	1090		780		600	
给水压力	MPa	17.8		15.0		13.4	
炉膛压力	Pa	−60		−60		−50	
大气压力	Pa	101600		101600		101600	
风机编号		A	B	A	B	A	B
进口烟道面积	m^2	19.0	19.0	19.0	19.0	19.0	19.0
进口烟道标高	m	15.4	15.4	15.4	15.4	15.4	15.4
进口风温	℃	121	127	115	114	120.6	118.5
进口静压	Pa	−2800	−2800	−1900	−1840	−1480	−1480
进口动压	Pa	143	156	85	92	56	51
风机进口烟气流量	m^3/s	265.5	276.6	217.9	225.8	190.5	181.9
风机进口全压	Pa	−2658	−2644	−1815	−1748	−1424	−1429
出口烟道面积	m^2	42.9		42.9		42.9	
出口烟道标高	m	11.6		11.6		11.6	
风机出口风温	℃	116		112		105	
风机出口静压	Pa	230		210		160	
风机出口动压	Pa	60		35		25	
风机出口全压	Pa	290		245		185	
风机全压	Pa	2948	2934	2060	1993	1609	1614
风机挡板开度	%	98.3	98.4	100	100	98.3	98.4
风机电流	A	114	114	82.2	82.8	72.4	73.0

表 3.34 增压风机实验主要结果计算表

风机类型	2号炉增压风机			
名称	单位	工况 1（100% 负荷）	工况 2（75% 负荷）	工况 3（60% 负荷）
发电负荷	MW	350	265	210
锅炉蒸发量	t/h	1090	780	600
给水压力	MPa	17.8	15.0	13.4
炉膛压力	Pa	-60	-60	-50
大气压力	Pa	101600	101600	101600
进口烟道面积	m^2	42.9	42.9	42.9
进口烟道标高	m	11.6	11.6	11.6
进口风温	℃	116	112	105
进口动压	Pa	60	35	25
进口静压	Pa	-200	-120	-120
风机进口流量	m^3/s	560.1	453.4	378.3
风机进口全压	Pa	-140	-85	-95
风机出口面积	m^2	41	41	41
出口烟道标高	m	16.25	16.25	16.25
风机出口风温	℃	114.5	113	104
风机出口静压	Pa	1390	872	670
风机出口动压	Pa	159	98	70
风机出口全压	Pa	1549	970	740
风机全压	Pa	1689	1055	835
烟囱入口烟温	℃	52.9	51.4	53.8
烟囱入口静压	Pa	120	-135	-180
烟囱入口动压	Pa	168	108	79
烟囱入口全压	Pa	268	-27	-101
烟囱入口面积	m^2	37.2	37.2	37.2
烟囱入口烟道标高	m	10.6	10.6	10.6

两种方案下，引风机改造后的设计参数表见表3.35和表3.36所示。

表3.35　方案一引风机选型参数表（脱硝+电袋+增压风机）

名称	单位	TB工况	BMCR	运行工况1	运行工况2
锅炉蒸发量	t/h		1090	780	600
引风机进口风温	℃	135	125	115	120
引风机进口烟气密度	kg/m³	0.8579	0.8470	0.8820	0.8770
单台引风机秒流量	m³/s	304.7	277	226	191
引风机进口全压	Pa	3181.2	−2651	−1782	−1427
脱硝改造增加压力	Pa		1000	632	462
电袋增加压力	Pa		1000	750	600
引风机进口总压力	Pa	5581.2	−4651	−3164	−2489
脱硫系统压力	Pa		1798	1400	1180
引风机出口总压力	Pa	2505.6	2088	1645	1365
引风机总压力	Pa	8086.8	6739	4809	3854

表3.36　方案二引风机选型参数表（脱硝+电袋）

名称	单位	TB工况	BMCR	运行工况1	运行工况2
锅炉蒸发量	t/h		1090	780	600
引风机进口风温	℃	135	125	115	120
引风机进口烟气密度	kg/m³	0.8579	0.8470	0.8820	0.8770
单台引风机秒流量	m³/s	304.7	277	226	191
引风机进口全压	Pa	3181.2	−2651	−1782	−1427
脱硝改造增加压力	Pa		1000	632	462
电袋增加压力	Pa		1000	750	600
引风机进口总压力	Pa	5581.2	−4651	−3164	−2489
引风机出口总压力	Pa	348	290	245	185
引风机总压力	Pa	5929.2	4941	3409	2674

选型说明：按照大火规进行风机选型，压头裕量为20%，风量裕量为10%，温度裕量为10 ℃。

3.6.2.2　引风机改造方案——增引合一

（1）选型结果与改造方案。采用增引合一方案后，新引风机仍为离心式，型号初选结果为YC35852，引风机选型设计参数表见表3.37。

表3.37 引风机选型设计参数表

用户	丹东电厂	机组容量		风机型号	YC35852
风机类型	离心式	风机用途	引风机（脱硝+电袋+增压）	介质	烟气

运行点		TB	BMCR			
煤种						
锅炉负荷	%					
标态流量	Nm^3/s					
工况质量流量	kg/s					
工况体积流量	m^3/s	304.7	277			
当地大气压	Pa	101600				
当地海拔	m					
标态密度	kg/Nm^3	1.32				
入口温度	℃	135	125			
入口密度	kg/m^3	0.8579	0.8470			
入口静压	Pa					
入口全压	Pa	−3181.2	−2651			
出口温度	℃					
出口密度	kg/m^3					
出口静压	Pa					
出口全压	Pa					
风机全压	Pa	8086.8	6739			
选型点效率	%	82.9	72.8			
压缩性修正系数		0.9728	0.9772			
风机轴功率	kW	2950.5	2556.8			
风机工作转速	r/min	990				
电机额定功率	kW	3250				
电机转速	r/min	990				
电机电压	kV	6				
风机转动惯量	$kg\cdot m^2$	5800				
单台风机重量	kg	40000				

备注：调节力矩为8000 N·m、空心轴。

新引风机性能曲线见图3.8。

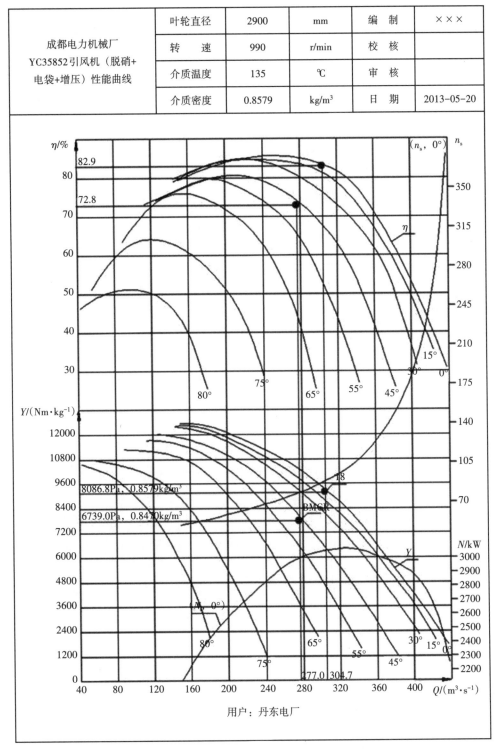

成都电力机械厂 YC35852引风机（脱硝+电袋+增压）性能曲线	叶轮直径	2900	mm	编　制	×××
	转　　速	990	r/min	校　核	
	介质温度	135	℃	审　核	
	介质密度	0.8579	kg/m³	日　期	2013-05-20

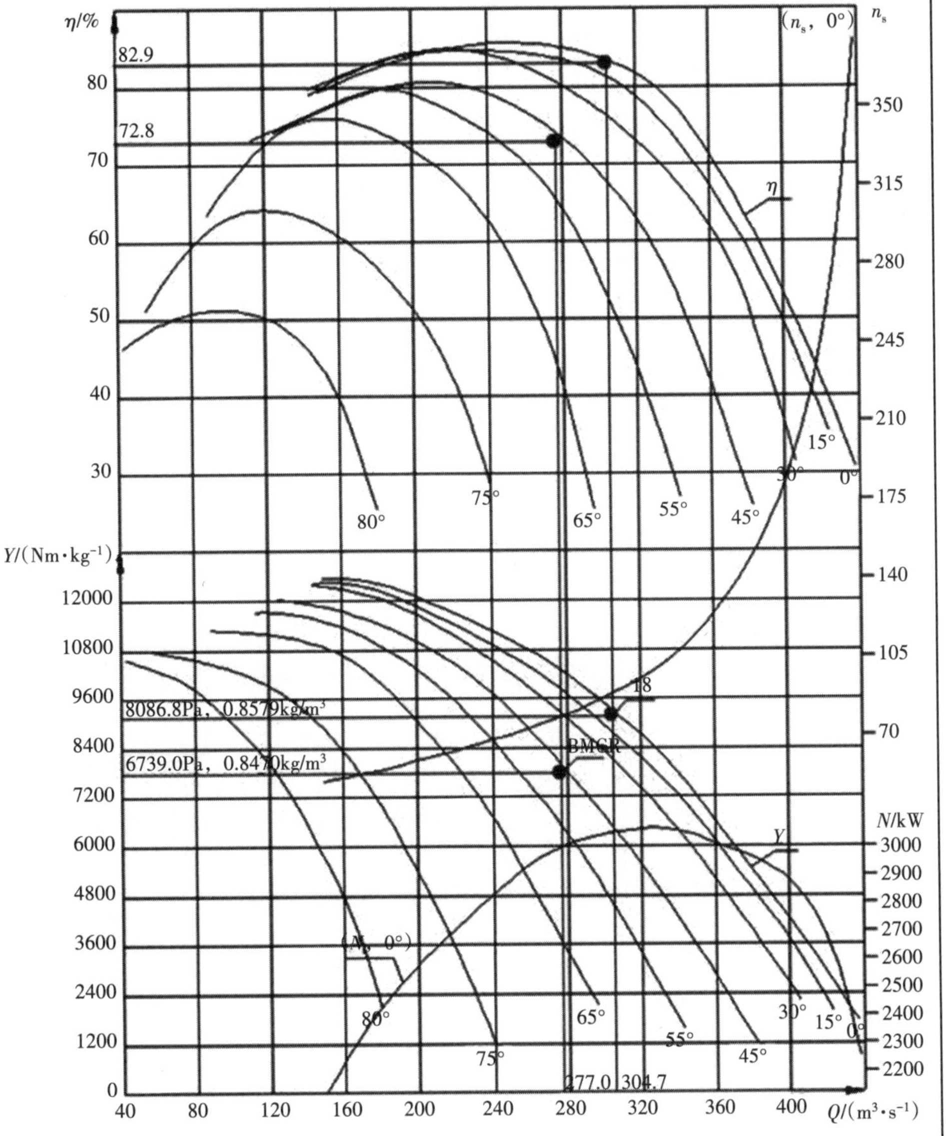

用户：丹东电厂

图3.8　引风机二合一改造后新风机性能曲线图

具体改造方案如下。①引风机本体整体更换，改造后，仍为双吸双支撑结构，引风机叶轮直径由2865 mm增加到2900 mm，叶轮材质采用WH60。引风机轴承座中心距由原中心距6400 mm减少到5300 mm。主轴形式为空心轴结构，主轴材质35CrMo。②引风机配套电机整体更换，电机功率由1450 kW增加到3250 kW。③其余风机部件及附属设备全部更换。④现有桩基础可满足加装电袋、引增合一方案中电机和风机选型要求，在设备招标时，要求厂家按照现有风机和电机的基础尺寸综合考虑，为避免设备振动，按照设计规范要求，即基础的配重大于5倍设备净重即可。⑤起吊装置按需改造。⑥动力电缆因电机增容，需要相应地进行改造。⑦电器控制仪表、箱等是否需改造，待校后确定。⑧拆除增压风机叶轮、电机，壳体作为烟风通道。⑨变频器需进行增容改造，暂按照变频器整体更换考虑计列投资。

（2）改造方案投资费用。改造方案投资费用见表3.38。

表3.38　改造方案投资费用（单台炉）

项目	单位	数据	备注
风机本体	万元	360	含温度计、测振装置等附件
电机及油站	万元	240	
基础改造	万元	120	
设备拆除安装	万元	100	
烟道加固	万元	100	引风机出口至吸收塔入口烟道加固
电气系统	万元	750	变频器改造，电缆增容
热工系统	万元	50	
其他	万元	30	运输费、起吊装置及不可预见费用
合计	万元	1750	预算费用按照最大工程量考虑

3.6.2.3　引风机改造——保留增压风机

（1）选型结果与改造方案。本次除尘器改造加装电袋除尘器后，如果保留增压风机，改造后，引风机仍为离心式，型号为YC36562。新引风机性能曲线见图3.9。具体改造方案如下。

①引风机本体整体更换，改造后，仍为双吸双支撑结构，引风机叶轮直径由2865 mm增加到3250 mm，叶轮材质采用WH60。引风机轴承座中心距由6400 mm减少到6000 mm。主轴形式为空心轴结构，材质为35CrMo。②引风机配套电机整体更换，电机功率由1450 kW增加到2400 kW。③其余风机部件及附属设备全部更换。

④ 引风机基础与电机基础需重新制作或加固。⑤若起吊最大重量能满足要求，则无需改造。⑥ 动力电缆因电机增容，需要相应地进行改造。⑦ 电器控制仪表、箱等是否需改造，待校后确定。⑧ 拆除增压风机叶轮、电机，壳体作为烟风通道。⑨ 变频器须进行增容改造，暂按照变频器整体更换考虑计列投资。

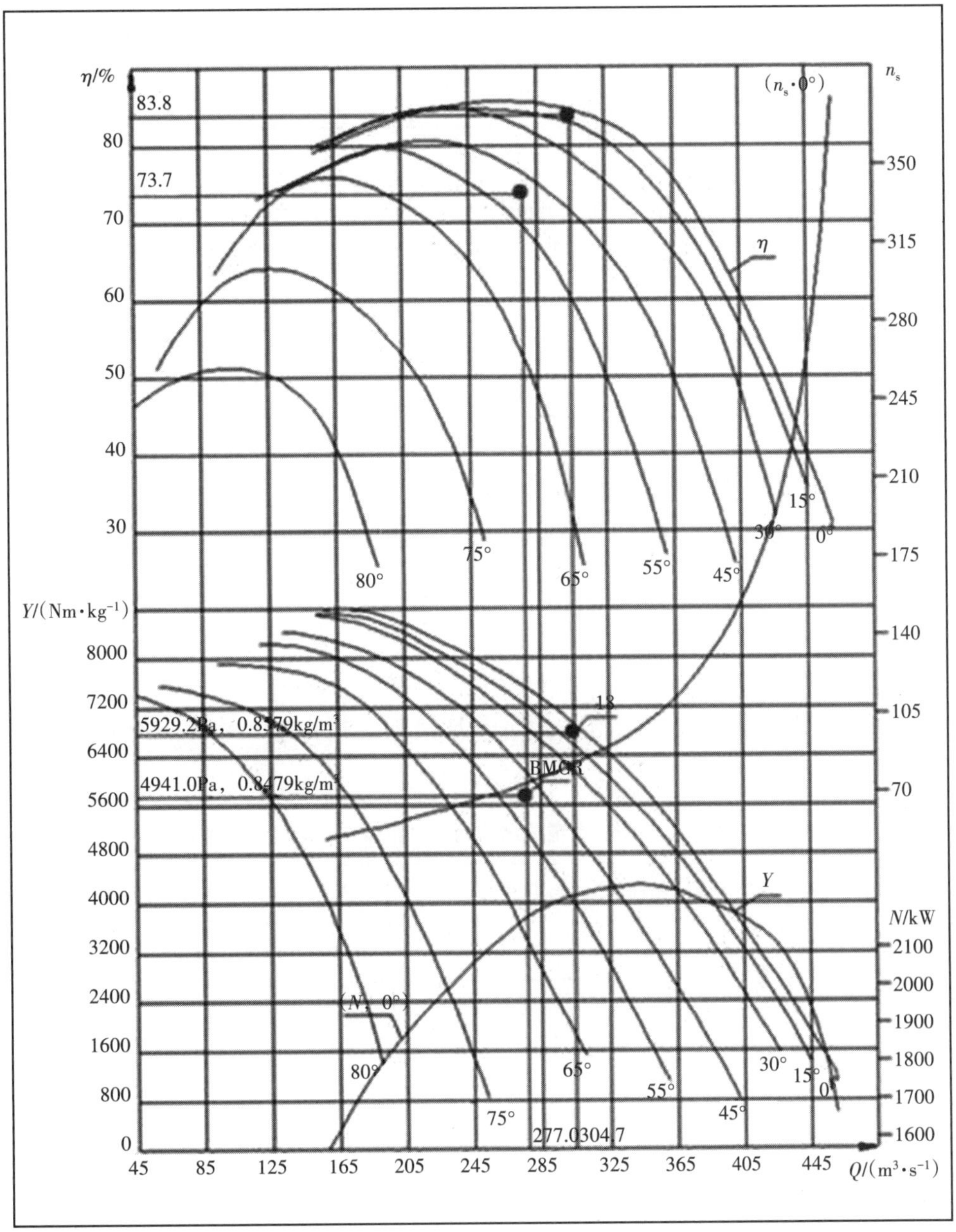

图3.9 引风机改造后新风机性能曲线图

（2）改造方案投资费用。改造方案投资费用见表3.39。

表3.39 改造方案投资费用对比（单台炉）

项目	单位	数据	备注
风机本体	万元	320	含温度计、测振装置等附件
电机及油站	万元	240	
基础改造	万元	120	
设备拆除安装	万元	100	
电气系统	万元	580	变频器改造，电缆增容
热工系统	万元	50	控制点更改
其他	万元	30	运输费、起吊装置及不可预见费用
合计	万元	1440	预算费用按照最大工程量考虑

3.6.2.4 增引合一与保留增压风机两个方案对比

（1）运行费用对比。本工程取消脱硫旁路，电除尘器按照电袋方式进行改造后，对照增压风机拆除与保留，烟风系统按照以下两种方式运行。①方式1。烟风系统设备改变，拆除增压风机，仅保留引风机运行，引风机增容改造为新离心式风机。②方式2：烟风系统设备不变，即保留增压风机与引风机串联运行（引风机增容）。

表3.40和表3.41对两种运行方式下，烟风系统运行电耗与年运行费用进行了比较。

表3.40 增引合一与保留增压风机两个方案运行电耗对比（单台炉）

运行方式	指标	引风机（2台）	增压风机（1台）	合计
方式1 增引合一	全压	6739 Pa	0	6739 Pa
	电耗	2×2222 kW	0	4444 kW
方式2 保留增压风机	全压	4941 Pa	1798 Pa	6739 Pa
	电耗	2×1711 kW	1245 kW	4667 kW

由表3.40可以看出，采用增引合一方案，烟风系统运行电耗可节省222 kW。由表3.41可以看出，采用增引合一方案较保留增压风机方案，每年可节省电耗100万kWh，年运行费用可节省41.42万元，因此采用增引合一方案经济效益更加明显。由于增引合一较保留增压风机方案投资多出310万元，因此，7.5年可收回投资。

表3.41 增引合一方案较保留增压风机方案运行费用节省量（单台炉）

运行电耗节省量/kWh	年节省电耗/kWh	年节约电费/万元
222	100万	41.42

注：机组年利用小时按照4500 h，电价按照0.4142元/度计。

（2）炉膛及烟风系统安全性分析。引风机、增压风机合并，并加装电袋除尘器后，压力最大上升1000 Pa。从机组锅炉炉膛到引风机入口段的总压力将上升1000 Pa，新风机正常运行时入口负压为4941 Pa。增引合一后，脱硫系统压力不变，为1798 Pa左右。新引风机全压在机组满负荷时达6739 Pa左右，若机组MFT或一次风机、送风机全跳而引风机停止滞后，引风机入口负压可能瞬时达到6.7 kPa以上。现有电除尘器设计承压能力由于资料不全查不到，但参照同等级机组，电除尘器设计承压能力为+8700 Pa、−9800 Pa，因此风机改造对除尘器不会产生影响。但需要对引风机前的烟道的瞬时承压能力进行校核，校核结果是引风机TB点设计压力为8086.8 Pa，修正到环境温度下压力为11251 Pa，去除引风机后烟道与脱硫系统压力（共2505.6 Pa）后，为8745.6 Pa。因此，当引风机前的烟道承压能力为−9800 Pa时，改造后，引风机入口烟道可以满足引风机在冷态启动的要求。风机增引合一改造后，在高负荷工况下，引风机出口静压由现有的290 Pa增加到2088 Pa，因此，需对引风机出口至脱硫吸收塔入口之间烟道进行强度校核，并按照要求进行加固处理。

（3）机组运行安全性分析。电厂已拆除了脱硫旁路烟道，目前，引风机和增压风机串联运行。在实际运行中，如果增压风机出现问题，就会造成整个机组甩负荷甚至跳机的情况。因此，实施风机增引合一改造，利用引风机提供烟风系统和脱硫系统运行压力，可大大提高机组运行的安全性。另外，增引合一使机组启动操作更加简便。

综上所述，本工程推荐采用增引合一方案。

3.6.3 引风机改造——布袋方案

3.6.3.1 引风机改造设计参数

除尘器采用布袋方式改造后，在增引合一与保留增压风机情况下，新引风机选型参数表见表3.42所示。

表3.42 方案一引风机选型参数表（脱硝+布袋+增压风机）

名称	单位	TB工况	BMCR	运行工况1	运行工况2
锅炉蒸发量	t/h		1090	780	600
引风机进口风温	℃	135	125	115	120
引风机进口烟气密度	kg/m^3	0.8579	0.8470	0.8820	0.8770

表3.42（续）

名称	单位	TB工况	BMCR	运行工况1	运行工况2
单台引风机秒流量	m³/s	304.7	277	226	191
引风机进口全压	Pa		-2651	-1782	-1427
脱硝改造增加压力	Pa		1000	632	462
布袋增加压力	Pa		1500	1200	1000
引风机进口总压力	Pa	6181.2	-5151	-3614	-2889
脱硫系统压力	Pa		1798	1400	1180
引风机出口总压力	Pa	2505.6	2088	1645	1365
引风机总压力	Pa	8686.8	7239	5259	4254

选型说明：按照大火规进行风机选型，压头裕量为20%，风量裕量为10%，温度裕量为10 ℃。

3.6.3.2 引风机改造方案——增引合一

（1）选型结果与改造方案。采用增引合一方案后，新引风机仍为离心式，型号初选结果为YC35952，引风机选型设计参数表见表3.43。

表3.43 方案二引风机选型参数表（脱硝+布袋）

名称	单位	TB工况	BMCR	运行工况1	运行工况2
锅炉蒸发量	t/h		1090	780	600
引风机进口风温	℃	135	125	115	120
引风机进口烟气密度	kg/m³	0.8579	0.8470	0.8820	0.8770
单台引风机秒流量	m³/s	304.7	277	226	191
引风机进口全压	Pa	3181.2	-2651	-1782	-1427
脱硝改造增加阻力	Pa		1000	632	462
布袋增加阻力	Pa		1500	1200	1000
引风机进口总压力	Pa	6181.2	-5151	-3614	-2889
引风机出口总压力	Pa	348	290	245	185
引风机总压力	Pa	6529.2	5441	3859	3074

新引风机性能曲线见图3.10。

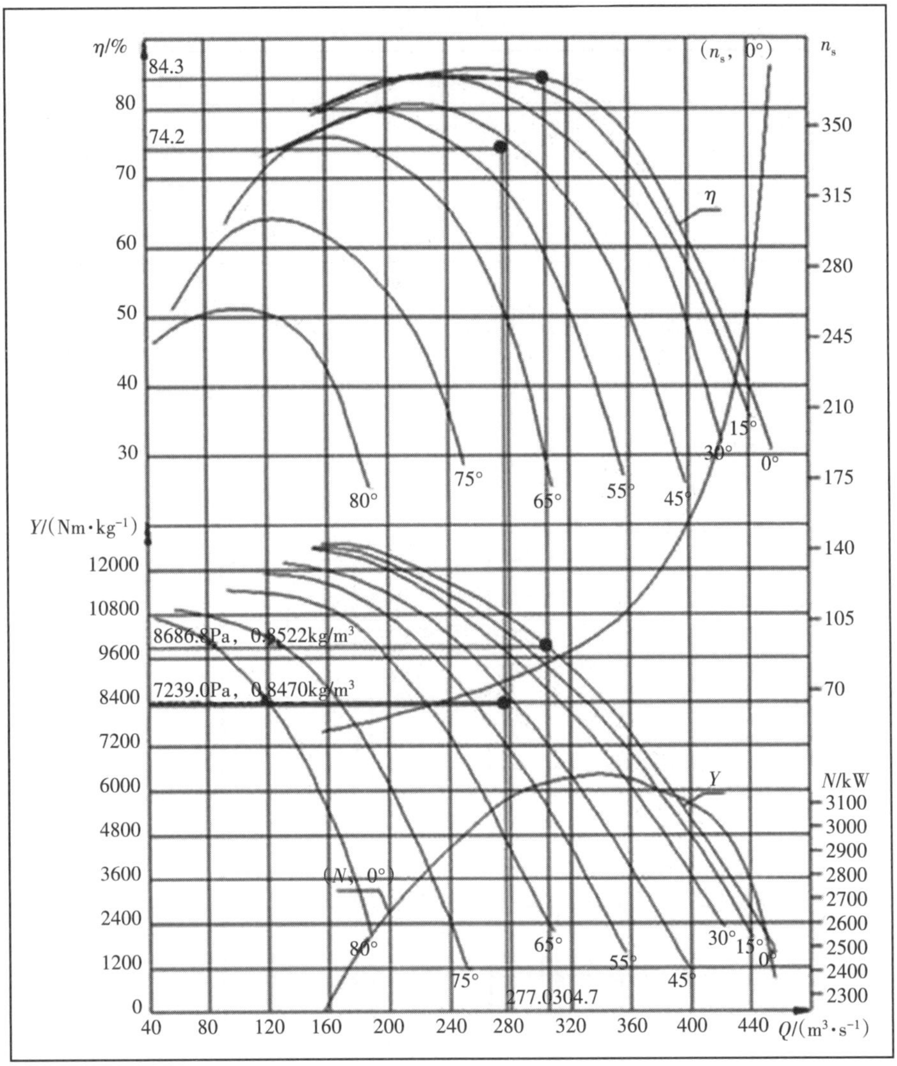

图3.10　引风机改造后新风机性能曲线图

（2）改造方案投资费用。改造方案投资费用表见表3.44。

表3.44　改造方案投资费用表（单台炉）

项目	单位	数据	备注
风机本体	万元	510	含温度计、测振装置等附件
电机及油站	万元	240	
基础改造	万元	120	
设备拆除安装	万元	100	
烟道加固	万元	100	引风机出口至吸收塔入口烟道加固
电气系统	万元	770	变频器改造，电缆增容

表3.44（续）

项目	单位	数据	备注
热工系统	万元	50	
其他	万元	30	运输费、起吊装置及不可预见费用
合计	万元	1920	预算费用按照最大工程量考虑

3.6.3.3 引风机改造方案——保留增压风机

（1）选型结果与改造方案。采用增引合一方案后，新引风机仍为离心式，型号初选结果为YC36662。

新引风机性能曲线见图3.11。

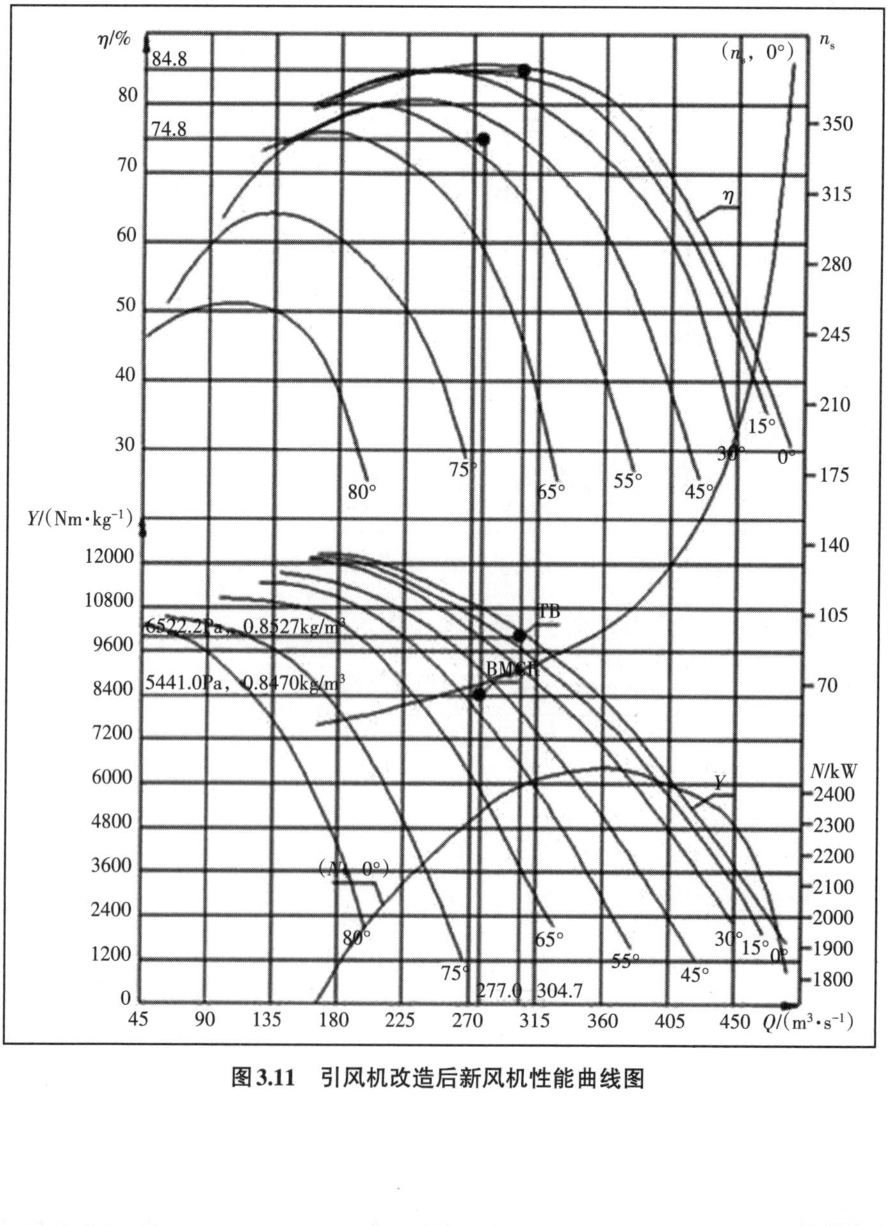

图3.11　引风机改造后新风机性能曲线图

（2）改造方案投资费用。改造方案投资费用表见表3.45。

表3.45　改造方案投资费用表（单台炉）

项目	单位	数据	备注
风机本体	万元	450	含温度计、测振装置等附件
电机及油站	万元	260	
基础改造	万元	90	
设备拆除安装	万元	100	
电气系统	万元	600	变频器改造，电缆增容
热工系统	万元	50	控制点更改
其他	万元	30	运输费、起吊装置及不可预见费用
合计	万元	1580	预算费用按照最大工程量考虑

3.6.3.4　增引合一与保留增压风机两个方案对比

表3.46和表3.47对两种运行方式下，烟风系统运行电耗与年运行费用进行了比较。

表3.46　增引合一与保留增压风机两个方案运行电耗对比（单台炉）

运行方式	指标	引风机（2台）	增压风机（1台）	合计
方式1 增引合一	全压	7239 Pa	0	7239 Pa
	电耗	2×2387 kW	0	4774 kW
方式2 保留增压风机	全压	5441 Pa	1798 Pa	7239 Pa
	电耗	2×1884 kW	1245 kW	5013 kW

可以看出，采用增引合一方案，烟风系统运行电耗可节省239 kW。

表3.47　增引合一方案较保留增压风机方案运行费用节省量（单台炉）

运行电耗节省量/kWh	年节省电耗/kWh	年节约电费/万元
239	107.55万	44.55

注：机组年利用小时按照4500 h，电价按照0.4142元/度计。

可以看出，采用增引合一方案较保留增压风机方案，每年可节省电耗107.55万kWh，年运行费用可节省44.55万元，因此采用增引合一方案的经济效益更加明显。

由于增引合一较保留增压风机方案投资多出340万元。因此，7.6年可收回投资成本。

综上所述，本工程风机改造推荐采用增引合一方案。

3.7 电气部分

3.7.1 电气系统

采用不同方案进行除尘器改造后，电负荷增加情况（单台炉）如下。

采用电袋方案（方案一）改造后，由于拆除了三、四、五电场的整流变压器及阴阳极振打装置，电负荷减少了774.5 kW，导致空压机系统功率增加195 kW。因此，改造后单台炉电除尘器（含空压机）功率减少了579.5 kW，除尘器总电负荷减少，因此除尘器变压器无需改造。

进一步考虑增引合一后，电除尘器改造（单台炉）前后功率比较见表3.48。

表3.48 电除尘器改造（电袋方案）前后功率比较表（单台炉）

序号	项目	台数	改造前功率/kW	改造后功率/kW	额定功率变化/kW
1	电除尘器功率	2	1275	539	−736
2	空压机及干燥机（布袋吹灰用）	1	0	195	195
3	引风机电机（铭牌）	2	2602	4444	1842
4	增压风机电机（铭牌）	1（拆除）	2600	0	−2600
5	空压机系统（输灰用）	2	0	250	250
6	输灰负压风机	2（拆除）	250	0	−250
合计					−1299

电厂目前除尘变压器、脱硫段、引风机均由高压厂用变压器接引，采用电袋方案后，整体电负荷减少了1299 kW，因而现有高压厂用变压器无需改造。

由表3.49可以发现，采用布袋方案（方案二）改造后，拆除所有电场的整流变压器及阴阳极振打装置，电负荷减少了1199 kW，导致空压机系统功率增加了275 kW。因此，改造后单台炉电除尘器（含空压机）功率减少了1352 kW，除尘器总电负荷减少，因此除尘器变压器无需改造。

表3.49　电除尘器改造（布袋方案）前后功率比较表（单台炉）

序号	项目	台数	改造前功率/kW	改造后功率/kW	额定功率变化/kW
1	电除尘器功率	2	1275	76	-1199
2	空压机及干燥机（布袋吹灰用）	1	0	275	275
3	引风机电机	2	2602	4774	2172
4	增压风机电机	1（拆除）	2600	0	-2600
5	空压机系统（输灰用）	2	0	250	250
6	输灰负压风机	2（拆除）	250	0	-250
合计					-1352

采用本体及电控系统改造方案（方案三）改造后，除尘器整体电负荷为2215 kW，现有除尘变压器满足运行要求。

采用本体+增容改造方案（方案四）改造后，除尘器整体电负荷为2346 kW，现有除尘变压器满足运行要求。

采用低低温省煤器+本体改造（方案五）后，电负荷增加55 kW，除尘器变压器能够满足改造要求。

3.7.2　电气接线

电厂每台炉现有2台除尘变压器分别作为2台除尘器的工作电源，除尘变压器容量为1500 kVA。本期2台机组除尘器系统改造后，设备供电电源仍由除尘变压器引出。

电除尘区高压整流设备及高压控制柜拆除。

电气接线采用单母线。

3.7.3　电缆及相关设施

从配电间至电除尘器本体均采用电缆桥架，电缆从电缆夹层引出电控室至除尘器本体。

所有电气设施的接地均与电厂原接地网连接，控制室计算机系统采用独立接地装置。

电缆竖井及夹层出口处及屏下孔洞等，均采用电缆防火设施。

引风机改造，对动力电缆进行增容，满足电机容量增加需要。

3.8 控制部分

3.8.1 控制方案

电袋（布袋）除尘器方案，电除尘器部分、布袋装置和气力除灰系统均采用PLC。该系统包括高、低压控制设备，集中智能管理器，上位计算机等，能够完成现场数据采集及自动控制功能。

利用原有PLC控制系统，增加1面PLC控制柜，对相关模件进行重新组态，设计进出口温度检测、除尘器差压检测、烟道压力检测、清灰系统压力检测、滤袋脉冲阀控制（定时、定时+定压）、袋区温度报警及旁路阀联锁自动控制。

采用本体及电控系统改造方案（方案三）的电气控制方案见3.4.1.3。

采用本体+增容改造方案（方案四）改造后，将新增电场控制纳入原电气控制系统，电气控制采用“工况自动分析”“反电晕自动检测控制”“节能控制”等软件包，确保达到除尘效果最优、节能最佳的目的。

采用低低温省煤器+本体改造（方案五），用DCS控制，可选择直接接入机组集控室进行控制，增加1面I/O控制柜。

3.8.2 控制间的布置

本次改造工程利用原电除尘器母线室。除尘器的高压控制柜、PLC可编程低压控制柜、除尘器备用电源开关柜、安全联锁箱、上位机柜、除尘变压器的控制保护屏等均布置在除尘母线室内。

3.9 环境保护

将电厂原有的、实际运行效率为98.72%的静电除尘器提效为99.909%后，改造前后锅炉的烟尘排放情况见表3.50。

表3.50 除尘器改造前后烟尘排放情况（单台炉）

序号	项目	单位	除尘器改造前	除尘器改造后	改造前后增减量
1	进口烟尘浓度	g/Nm^3	33.05	33.05	0
2	除尘效率	%	98.72	99.909	1.189
3	烟尘排放浓度	mg/Nm^3	425	30	−395
4	烟气量（标、干）	Nm^3/h	1044460	1044460	0

表3.50（续）

序号	项目	单位	除尘器改造前	除尘器改造后	改造前后增减量
5	烟尘小时排放量	kg/h	443.9	31.4	−412.5
6	烟尘年排放量	t/a	1997.6	141.1	−1856.5

注：锅炉年利用小时数按照4500 h计算。

由表3.50可知，电除尘器改造后，可以满足环保排放要求。改造后烟尘排放量显著减少，改造前单台炉烟尘年排放量为1997.6 t，改造后单台锅炉烟尘年排放量为141.1 t，每年可减少烟尘排放量约1856.5 t，除尘器改造后，可以很好地改善电厂周围的大气质量，有利于控制全厂污染物的排放总量。

3.10　工程改造投资概算与经济效益分析

3.10.1　改造投资概算

3.10.1.1　工程规模

本工程为2×350 MW机组电除尘器增效与风机改造工程，进行方案筛选后，最终拟订五个方案。五个方案分别为：方案一，电袋复合除尘器+风机增引合一；方案二，布袋除尘器+风机增引合一；方案三，本体及电控系统改造（含分区）；方案四，增容及本体改造（含分区）；方案五，低低温省煤器+本体改造。

五个方案的投资概算如下。

（1）方案一。工程静态投资为9792万元，单位投资为140元/千瓦，建设期贷款利息为266万元；工程动态投资为10059万元，单位投资为144元/千瓦。工程静态投资中，建筑工程费为87万元，占静态投资的0.89%；设备购置费为8071万元，占静态投资的82.42%；安装工程费为963万元，占静态投资的9.84%；其他费用为671万元，占静态投资的6.85%。

（2）方案二。工程静态投资为10363万元，单位投资为147元/千瓦，建设期贷款利息为282万元；工程动态投资为10645万元，单位投资为152元/千瓦。工程静态投资中，建筑工程费为87万元，占静态投资的0.84%；设备购置费为8121万元，占静态投资的78.36%；安装工程费为1430万元，占静态投资的13.80%；其他费用为725万元，占静态投资的7.00%。

（3）方案三。工程静态投资为5079万元，单位投资为73元/千瓦，建设期贷款利息为138万元；工程动态投资为5218万元，单位投资为75元/千瓦。工程静态投资中，设备购置费为3722万元，占静态投资的73.28%；安装工程费为880万元，占静态投资的17.33%；其他费用为477万元，占静态投资的9.39%。

（4）方案四。工程静态投资为9249万元，单位投资为132元/千瓦，建设期贷款利息为252万元；工程动态投资为9502万元，单位投资为136元/千瓦。工程静态投资中，建筑工程费为1107万元，占静态投资的11.97%；设备购置费为5209万元，占静态投资的56.32%；安装工程费为2084万元，占静态投资的22.53%；其他费用为849万元，占静态投资的9.18%。

（5）方案五。工程静态投资为6356万元，单位投资为91元/千瓦，建设期贷款利息为173万元；工程动态投资为6528万元，单位投资为93元/千瓦。工程静态投资中，建筑工程费为139万元，占静态投资的2.19%；设备购置费为4375万元，占静态投资的68.83%；安装工程费为1368万元，占静态投资的21.52%；其他费用为474万元，占静态投资的7.46%。

3.10.1.2 主要设备价格表

本期工程除尘器主体改造费用构成表见表3.51。

表3.51 除尘器本体改造费用构成表 单位：万元

序号	项目	单位	方案一	方案二	方案三	方案四	方案五
1	除尘器改造费用	套	3752	3885	4551	7977	5780
2	输灰系统改造费用	套	1862	1862	0	173	0
3	风机改造	套	3400	3740	0	0	0
4	其他费用		671	725	477	849	474
5	编制年价差		108	151	52	251	101
工程静态投资			9793	10363	5080	9250	6355

注：方案一、二中，输灰系统均由负压改造为正压浓相，方案四、五均仍为负压输送系统。

3.10.2 经济效益分析

① 机组年利用时间按照4500 h计。② 年运行维护材料及人工费均按照设备费用的0.5%计算。③ 耗品价格按照电（0.4142元/千瓦）、滤袋（850元/条）、袋笼（65元/根）。④ 每三年更换一次滤袋，每六年更换一次袋笼。⑤ 单台炉年减少粉尘排放为1856 t，烟尘排污按照0.6元/当量计算，即0.275元/千克。⑥ 电袋改造后，每台引风机运行电耗增加了346 kW，新增空压机功率为195 kW；布袋改造后，每台引风机运行电耗增加了519 kW，新增空压机功率为275 kW。⑦ 资产折旧按照折旧年限为15年、残值率为5%，采用直线折旧法计算。⑧ 2012年7月6日开始，国内五年以上贷款年利率为6.55%。

除尘器运行成本包括固定的运行与维护费用、主设备更换费用及电耗等，改造后单台炉除尘器年增加运行费用表见表3.52。

表3.52　改造后年增加运行费用表（单台炉）　　单位：万元

序号	能耗	项目	方案一	方案二	方案三	方案四	方案五
1	电耗	风机（增引合一）改造增加的电耗	−42	−45	0	0	0
		空压机系统增加的电耗	36.4	51.3	0	0	0
		除尘器本体改造增加电耗	−144	−231	175	199.6	102.7
		合计	−149.6	−224.7	175	199.6	102.7
2	固定运行维护费用	维护材料及人工费（初投资的1%）	49	52	25	46	32
		年维护费变化	16	20	12	26	15
		合计	65	72	37	72	47
3	主要设备更换费用	每三年更换一次滤袋（均摊到每年）	198.8	247	0	0	0
		每六年更换一次袋笼（均摊到每年）	7.6	9.5	0	0	0
		合计	206.4	256.5	0	0	0
总计			121.8	103.8	212	271.6	149.7

电除尘器改造工程的经营成本包括运行与维护费用、设备折旧、贷款利息。单台炉除尘器经营成本分析表见表3.53。

表3.53　经营成本分析表（单台炉）

序号	项目	单位	方案一	方案二	方案三	方案四	方案五
1	运行费用	万元/年	121.8	103.8	212	271.6	149.7
	折旧费	万元/年	310	328	161	293	201
	每年还款利息	万元/年	143	152	75	135	93
	总经营成本	万元/年	574.8	583.8	448	699.6	443.7
2	粉尘减排量	吨/年	1856	1856	1856	1856	1856
	减少排污费	万元/年	51	51	51	51	51
3	扣除排污费后经营成本	万元/年	524	533	397	649	393
4	粉尘减排成本	元/千克	2.8220	2.8705	2.1388	3.4944	2.1156
5	发电成本增加	元/千瓦	0.00249	0.00254	0.00189	0.00309	0.00187

注：还贷期为1～10年，资产折旧期为1～15年。

通过项目实施，单台炉每年粉尘排放将减少928吨，每年减少排污费51万元，去除少缴的排污费后，分别为：

电袋除尘器改造方案年经营成本为574.8万元，粉尘减排成本为2.7573元/千克，发电成本增加为0.00249元/千瓦；

布袋除尘器改造方案年经营成本为583.8万元，粉尘减排成本为2.8004元/千克，发电成本增加为0.00254元/千瓦；

本体及电控系统改造方案年经营成本为397万元，粉尘减排成本为2.1388元/千克，发电成本增加为0.00189元/千瓦；

增容及本体改造方案年经营成本为649万元，粉尘减排成本为3.4944元/千克，发电成本增加为0.00309元/千瓦；

低低温省煤器及本体改造方案年经营成本为393万元，粉尘减排成本为2.1156元/千克，发电成本增加为0.00187元/千瓦。

3.11 推荐方案

3.11.1 方案比较——改造设计参数

本工程采用不同方式进行改造后，除尘器技术参数对比见表3.54所示。

表3.54 除尘器改造后，电袋与布袋方案技术参数对比

序号	名称	单位	电袋除尘器（方案一）	布袋除尘器（方案二）
1	主要技术指标			
1.1	烟气量	m^3/h	2015029	2015029
1.2	烟气温度	℃	125	125
1.3	入口烟尘浓度	g/Nm^3	33.05	33.05
1.4	烟尘排放浓度（$\alpha = 1.4$）	mg/Nm^3	<30	<30
1.5	总除尘效率	%	99.909	99.909
2	主要技术参数			
2.1	电场截面积	m^2	222×2	
2.2	比集尘面积	$m^2/(m^3 \cdot s^{-1})$	29.11	
2.3	室数/电场数	个	1/2	
2.4	驱进速度	cm/s		/

表3.54（续）

序号	名称	单位	电袋除尘器（方案一）	布袋除尘器（方案二）
2.5	烟气流速	m/s	1.26	1.26
2.6	过滤风速	m/min	1.1	0.9
2.7	总过滤面积	m^2	30530	37315
2.8	滤料名称		（50%PPS+50%PTFE）混纺+PTFE基布	（50%PPS+50%PTFE）混纺+PTFE基布
2.9	滤袋规格	mm	Φ168×8300	Φ160×8500
2.10	滤袋条数	个	7018	8718
2.11	滤袋使用寿命	h	35000	35000
2.12	清灰类型		低压脉冲行喷吹	低压脉冲行喷吹
2.13	清灰压力	MPa	0.2～0.3	0.2～0.4
2.14	清灰周期	min	40	15
2.15	耗气量	m^3/min	15	37
2.16	脉冲阀规格		进口3英寸电磁脉冲阀	进口4英寸电磁脉冲阀
2.17	脉冲阀	个	611	336
2.18	除尘器灰斗数量	个	10×2	10×2
2.19	除尘器压力	Pa	1000	1500

3.11.2　方案比较——经济性

除尘器按照五种方案改造后运行功率比较见表3.55。

表3.55　改造后除尘器运行功率比较（单台炉）

序号	名称	单位	电袋方案	布袋方案	本体及电控方案	增容方案	低低温及本体
1	除尘器						
1.1	电控设备	kW	408	0	2040	2104	1476
1.2	绝缘子电加热	kW	44	0	88	120	88
1.3	阴、阳极振打	kW	11	0	11	16	11

表3.55（续）

序号	名称	单位	电袋方案	布袋方案	本体及电控方案	增容方案	低低温及本体
1.4	灰斗电加热	kW	76	76	76	106	76
1.5	空压机系统功率（滤袋吹灰）	kW	195	275	0	0	0
小计		kW	734	351	2215	2346	1651
2	输灰系统	kW					
2.1	空压机系统功率（输灰系统）	kW	250	250	0	0	0
2.2	拆除负压风机	kW	-250	-250	0	0	0
小计		kW	0	0	0	0	0
3	引风机						
3.1	除尘器改造增加的风机运行功率	kW	692	1038	0	0	0
小计		kW	692	1038	0	0	0
合计		kW	1426	1389	2215	2346	1651

由表3.55可知，除尘器改造后，电袋复合除尘器运行功率为1426 kW，布袋除尘器运行功率为1389 kW，电控系统改造后功率为2215 kW，增容改造后除尘器运行功率为2346 kW，低低温及本体改造后运行功率为1651 kW，增容改造运行功率最大，布袋除尘器较电袋复合除尘器运行功率低37 kW。

3.11.3 综合性比较

除尘器按照五种方案改造后的主要技术经济指标比较见表3.56。

表3.56　本工程除尘器改造后技术经济指标比较（单台炉）

序号	项 目	单位	电袋方案	布袋方案	本体及电控方案	增容方案	低低温及本体
1	烟气量	m^3/h	2015029	2015029	2015029	2015029	2015029
2	气布比	m/min	1.1	0.9			
3	总过滤面积	m^2	30530	37315			

表3.56（续）

序号	项 目	单位	电袋方案	布袋方案	本体及电控方案	增容方案	低低温及本体
4	除尘器本体压力	Pa	≤1000	≤1500	≤200	≤200	≤200
5	排放浓度	mg/Nm³	<30	<30	<166		<122.5
6	年运行电费变化	万元	−149.6	−224.7	175	199.6	102.7
7	滤袋袋笼年更换费用	万元	207	257	0	0	0
8	年检修维护费用	万元	65	72	37	72	47
9	扣除排污费后经营成本	万元	524	533	397	649	393
10	改造一次投资	万元	4770	5048	2540	4625	3178
11	粉尘减排成本	元/千克	2.8220	2.8705	1.6485	3.4944	2.1156
12	发电成本增加	元/千瓦	0.00249	0.00254	0.00146	0.00309	0.00187

注：机组年运行小时按照4500 h，电价按照0.4142元/度计，滤袋寿命按照3年计，袋笼寿命按照6年计。

由表3.56可知，电袋改造相比布袋改造，每年可节省滤袋更换费用50万/炉，可节省引风机运行电费65万元/炉，工程改造后年运行费用可节省约为48万元/炉，工程一次性投资可节省278万元/炉，电袋改造的粉尘减排成本及发电成本相比布袋除尘器也有优势，因此本工程改造成电袋复合除尘器较改装为布袋除尘器的综合经济性更好。

本体及电控系统改造方案经营成本最低，为397万元。然而，该方案预计仅能将烟尘浓度降到166 mg/Nm³，无法满足新的排放标准的要求，该方案不可行。

采用除尘器增容及本体改造方案，经营成本为649万元，费用最高，工程一次性投资为4625万元（如果考虑与电袋一样的附属设备改造，即将负压输灰系统改造为正压，并考虑增引合一，那么投资将远远超过电袋方案），增容方案理论计算改造后烟尘排放为60.7 mg/Nm³，并且煤种的比电阻很高，改造后的比集尘面积达不到《燃煤电厂电除尘器选型设计指导书》中推荐的对比集尘面积的要求，达标排放可靠性差，存在很大的技术风险。此外，施工难度也很大，工期很长，因此不建议采用该方案。

低低温省煤器与本体改造方案，低低温的现场安装空间狭小，施工难度很大，并可能涉及脱硝钢架的改动，对现有设备造成的影响大。此外，将烟温由125 ℃降到90 ℃之后，虽然烟气量减少，但飞灰仍为高比电阻，改造后电除尘器比集尘面积仍然达不到改造要求，烟尘浓度为122 mg/Nm³，即使配合高频电源（分区）供电，也达不到改造要求，因而不推荐。

目前，国内燃煤机组配套电袋复合式除尘器业绩较多。布袋除尘器虽然可以达到与电袋相同的排放效果，但其运行阻力、功耗、滤袋寿命方面都存在问题。对于改造工程来说，采用电袋除尘器，在阻力、滤袋破损率（清灰周期较长）、滤袋更换费用、改造一次性投资等方面，均比采用布袋除尘器有优势。

综合考虑以上因素，本项目认为，采用方案一，即电袋复合式除尘器（2电1布式），该方案为最佳技术选择。

案例4

600 MW燃煤锅炉高烟气流量除尘器改造案例

4.1 概况

4.1.1 工程概况

4.1.1.1 锅炉概况

某厂2台由哈尔滨三大动力厂生产的引进型600 MW超超临界燃煤发电机组，配套2台由浙江菲达环保科技股份有限公司设计的双室四电场2FAA4X40M-2X152-150型静电除尘器及气力输送设备，每台锅炉设置一套石灰石湿法脱硫系统。

4.1.1.2 除尘器概况

（1）设计情况。电厂现有电除尘器为双室四电场静电除尘器，于2006年由浙江菲达环保科技股份有限公司建设完成。由除尘器设计资料可知，除尘器入口设计烟尘量为45.45 t/h（设计煤种）、68.95 t/h（校核煤种），设计烟气量为2524106 m^3/h（设计煤种）、2452200 m^3/h（校核煤种），入口烟温设计值为124 ℃（设计煤种）、123 ℃（校核煤种），驱进速度为7.52 cm/s，比集尘面积为106.8 $m^2/(m^3 \cdot s^{-1})$，除尘效率保证值为99.78%。

（2）运行现状。运行主要参数如下。

① 运行温度。对3号炉除尘器入口烟气温度进行了测试，测试期间，机组最大运行负荷为550 MW，除尘器入口烟温最大为145 ℃。

② 实际除尘效率与排放浓度。测试期间，在550 MW负荷下，除尘器出口烟尘排放浓度达到106 mg/Nm^3，除尘效率为99.39%，除尘效率与烟尘排放浓度均未达到设计值。

③ 实际烟气量与比集尘面积。测试期间，在额定负荷下，单台除尘器入口烟气流量为1478500 m^3/h，大于除尘器设计烟气流量（1262053 m^3/h），烟气量超出设计值17.2%；由于烟气量比设计值增加，除尘器比集尘面积实际值为91.89 $m^2/(m^3 \cdot s^{-1})$。

④ 脱硫系统除尘效率。测试期间，在机组运行负荷分别为100%，75%，65%时，脱硫出口烟尘排放浓度分别为68.2，53.8，48.0 mg/Nm^3，脱硫塔除尘效率分别为60.2%，53.8%，49.6%。测试期间，除尘器、脱硫系统均正常投入。

（3）除尘器效率较设计值低的原因分析。除电器效率的影响因素如下。

① 设计值核算。根据除尘器技术协议进行核算，核算结果见表4.1。

表4.1　除尘器核算结果

项目	单位	原设计煤种		原校核煤种	
		设计值	核算值	设计值	核算值
燃煤量	t/h	235		262	
入口工况烟气量	m^3/h	2524106	2756807	2452200	2632642
入口标湿烟气量（计算）	m^3/h	1562148	1706165	1521478	1814927
入口设计烟尘含量	t/h	45.45	46.40	68.95	70.10
入口设计烟尘浓度（计算）	g/Nm^3	29.1	27.2	45.3	38.6
总集尘面积（单台）	m^2	37740	36480	36480	36480
比集尘面积（单台）	m^2/(m^3·s^{-1})	106.8	95.28	107.11	99.77
设计驱进速度	cm/s	7.52	7.52	7.52	7.52
设计除尘器效率	%	99.967	99.923	99.968	99.945
驱进速度修正	cm/s	5.73	5.73	5.73	5.73
除尘器效率修正	%	99.780	99.574	99.784	99.671
烟尘排放浓度	mg/Nm^3	64.0	115.8	97.9	127.0

由表4.1可知，除尘器总收尘面积实际计算值为36480 m^2（小于设计值37740 m^2），驱进速度为5.73 cm/s（小于设计值7.52 cm/s）；在原始的设计煤种下，除尘器入口烟气量计算值为2756807 m^3/h（远大于设计值2524106 m^3/h），除尘效率为99.574%（远低于设计值99.78%），烟尘排放浓度为115.8 mg/Nm^3（大于原设计值64.0 mg/Nm^3）。除尘器原设计烟气量偏低，总集尘面积偏小，驱进速度设计偏高（根据经验，一般在6 cm/s以下），这些都可导致除尘器效率达不到原设计值。

② 煤种变化。除尘器实测效率为99.39%，比除尘器效率保证值下降了0.39%。通过分析可知，测试期间，单台除尘器入口烟气量（1478500 m^3/h）过大导致除尘器比集尘面积［88.83 m^2/(m^3·s^{-1})］降低，利用多依奇公式计算，除尘器效率为99.384%，这与测试值（99.39%）基本相符。根据实验煤种及比集尘面积、烟气温度等数据分

析，在上述工作条件下，除尘器出口排放为100 ~ 110 mg/Nm^{3}时是比较正常的。

4.1.2 除尘器改造的必要性

4.1.2.1 除尘器改造是满足国家新的环保排放标准要求的主要措施

目前，电厂烟尘排放浓度满足不了新标准的排放要求。因此，在标准实施前进行除尘器改造，保证烟尘满足国家排放标准是适应国家规划和公司规划的要求。

4.1.2.2 烟尘浓度过高影响脱硫系统安全稳定运行

根据现场实测，电厂2×600 MW电除尘器出口烟尘浓度在106 mg/Nm^{3}以上，烟尘浓度过高会影响脱硫系统正常运行，烟尘在脱硫剂中的浓度过大，导致浆液中毒，从而影响石灰石与SO_2反应，降低石灰石的利用率，进一步降低脱硫效率。此外，烟尘过高还会影响脱硫副产物的品质。因此，对电除尘器进行改造，提高除尘效率，降低烟尘排放浓度，也是脱硫装置稳定运行的必要条件。

综上所述，电厂除尘器改造工程是十分必要的。通过除尘器改造，可以保证设备的安全稳定运行，保证脱硫系统的高效和可靠运行，从而实现节约能源、改善城市环境的目的。

4.1.3 主要技术原则

本工程为环保工程改造项目；电除尘器除尘效率要使烟尘排放浓度满足国家环保标准要求，本次改造后的电除尘器出口烟尘浓度按照低于40 mg/Nm^3（α = 1.4）设计；在锅炉检修期间，电除尘器主体改造完成，具备通烟条件；为节约资金和缩短工期，在满足技术要求的前提下，尽可能利用现有电除尘器的材料和电除尘器基础；除尘器本体和前后烟道尽量利用原有支架；采用先进的除尘器控制系统，除尘器的运行实行自动控制；本工程产品粉煤灰处置按照原方式一起处理；环境保护、职业安全和工业卫生、防火和消防均应符合国家标准。在满足技术要求的前提下，外形尺寸尽量不变。

4.2 主要设备设计参数

4.2.1 锅炉设计参数

该电厂锅炉是由哈尔滨锅炉厂有限责任公司设计、制造，三菱重工业株式会社（Mitsuibishi Heavy Industries Co. Ltd.）提供技术支持。锅炉型号为HG-1795/26.15-YM1。该锅炉是超超临界变压运行直流锅炉，采用Π型布置、单炉膛、一次中间再热、平衡通风、固态排渣、全钢构架、全悬吊结构。锅炉主要设计数据表见表4.2。

表4.2 锅炉主要设计数据表（滑压运行）

序号	项目	单位	参数
1	型号	HG-1795/26.15-YM1	
2	形式	超超临界变压直流中间再热燃煤锅炉	
3	过热蒸汽流量	t/h	1795
4	过热器出口压力	MPa	26.15
5	过热器出口温度	℃	605
6	再热蒸汽流量	t/h	1347.8
7	再热器进口压力	MPa	4.87
8	再热器进口温度	℃	349
9	再热器出口压力	MPa	4.65
10	再热器出口温度	℃	603
11	给水温度	℃	291
12	空预器出口排烟温度	℃	125
13	锅炉计算效率	%	93.7
14	锅炉保证效率	%	93.3
15	制粉方式	冷一次风机正压直吹制粉系统	
16	燃烧方式	墙式切圆燃烧、固态排渣	
17	通风方式	平衡通风	
18	设计燃煤	山西晋北烟煤	
19	校核燃煤	山西晋北烟煤	
20	设计煤种用量	t/h	235
21	校核煤种用量	t/h	262
22	点火、启动用油	等离子燃烧器0号轻柴油	
23	过热蒸汽调温	煤水比、三级喷水减温	
24	再热蒸汽调温	尾部烟气挡板、一级喷水减温	

4.2.2 引风机技术参数

该厂脱硝工程已设计完毕，其中4号机组脱硝改造已完成，3号机组引风机也加工完毕。按照脱硝改造工程——引风机改造的设计方案，改造后每台锅炉均采用上海鼓风机厂有限公司改造后的2台单级动叶可调轴流式引风机。改造后新的引风机技术参数见表4.3。

表4.3　引风机设计参数

项目	TB工况	B-MCR工况
风机入口体积流量/($m^3 \cdot h^{-1}$)	1182500（标况）	1075000（标况）
风机入口容积流量/($m^3 \cdot s^{-1}$)	499.5	448
风机入口温度/℃	133	123
入口烟气密度/($kg \cdot m^{-3}$)	0.8430	0.8870
风机入口静压/Pa	−5660	−4625
风机出口全压/Pa	7410	5925
风机全压升/Pa	7410	5925
风机全压效率/%	86.76	86.94
风机轴功率/kW	4161	2993
风机转速/($r \cdot min^{-1}$)	990	990
电机功率/kW	4400	

4.2.3　煤质及飞灰数据

本工程煤质成分分析表见表4.4。

表4.4　煤质分析表

类别	名称	符号	单位	设计煤种	校核煤种
工业分析	收到基全水分	Mar	%	20.1	16.2
	空气干燥基水分	Mad	%	10.29	7.97
	收到基灰分	Aar	%	16.63	22.14
	干燥无灰基挥发分	Vdaf	%	40.05	38.54
	低位发热量	Qnet.ar	kJ/kg	18700	18420
	高位发热量	Qgr	kJ/kg	19820	19480

表4.4（续）

类别	名称	符号	单位	设计煤种	校核煤种
元素分析	收到基碳	Car	%	50.17	49.06
	收到基氢	Har	%	3.20	3.34
	收到基氧	Oar	%	8.88	8.20
	收到基氮	Nar	%	0.62	0.60
	收到基硫	Sar	%	0.40	0.46
灰熔融性	哈氏可磨系（指）数	HGI		65	63
	变形温度	DT	℃	1210	1190
	软化温度	ST	℃	1290	1320
	半球温度	HT	℃	1370	1400
	流动温度	FT	℃	1400	1480

本工程飞灰矿物组成分与比电阻分析表见表4.5至表4.8。

表4.5　飞灰成分分析表

名称	符号	单位	设计煤种	校核煤种
二氧化硅	SiO_2	%	52.05	50.48
氧化铝	Al_2O_3	%	21.14	22.43
氧化铁	Fe_2O_3	%	12.96	9.34
氧化钙	CaO	%	6.88	8.61
氧化镁	MgO	%	1.55	1.06
二氧化钛	TiO_2	%	0.79	1.14
三氧化硫	SO_3	%	0.58	4.58
氧化钠	Na_2O	%	1.09	0.66
氧化钾	K_2O	%	1.91	0.77
氧化锰	MnO_2	%	0.076	0.046
氧化锂	Li_2O	%	0.974	0.884
飞灰可燃物	Cfh	%	1.25	1.17

飞灰中SiO_2与Al_2O_3含量为72%～77%，且Al_2O_3含量低于23%，飞灰黏度、硬度均能适应电除尘器收尘要求。

表4.6 飞灰粒径分布表

设计煤种		校核煤种	
粒径尺寸/μm	体积百分比/%	粒径尺寸/μm	体积百分比/%
≤3.28	2.21	≤3.28	4.97
3.28 ~ 5.86	3.24	3.28 ~ 5.86	1.88
≤5.86	5.45	≤5.86	6.85
5.86 ~ 10.48	1.88	5.86 ~ 10.48	3.70
≤10.48	7.33	≤10.48	10.55
10.48 ~ 15.45	3.33	10.48 ~ 15.45	7.90
≤15.45	10.66	≤15.45	18.45
15.45 ~ 40.72	21.9	15.45 ~ 40.72	19.19
≤40.72	32.56	≤40.72	37.64
40.72 ~ 120	37.99	40.72 ~ 120	29.14
≤120	70.55	≤120	76.78
>120	29.45	>120	33.22

设计煤种——飞灰的粒径低于10 μm的颗粒体积含量小于7%，粒径为10 ~ 120 μm的颗粒体积占63%，峰值粒径大于120 μm的颗粒体积约占30%；校核煤种——飞灰的粒径低于10 μm的颗粒体积含量小于10%，粒径为10 ~ 120 μm的颗粒体积占67%，峰值粒径大于120 μm的颗粒体积约占30%。

本工程设计煤种及校核煤种的飞灰、粒度分布均匀，相比较而言，对电除尘器收尘有利。

表4.7 飞灰比电阻值与湿度关系表

测试温度	单位	设计煤种	校核煤种
20 ℃	Ω·cm	4.74×10^{7}	6.85×10^{7}
80 ℃	Ω·cm	5.17×10^{8}	1.62×10^{9}
100 ℃	Ω·cm	6.14×10^{9}	5.15×10^{9}
120 ℃	Ω·cm	8.58×10^{9}	6.17×10^{9}
140 ℃	Ω·cm	1.89×10^{10}	7.25×10^{10}
150 ℃	Ω·cm	5.07×10^{10}	8.04×10^{10}
160 ℃	Ω·cm	5.71×10^{10}	4.22×10^{10}
180 ℃	Ω·cm	1.93×10^{10}	2.09×10^{10}

由表4.7可知，本工程除尘器入口烟温为140 ℃左右，飞灰比电阻为10^{10}数量级，飞灰比电阻中等，对电除尘器收尘较适宜。

表4.8　飞灰密度及安息角

序号	名 称	单位	设计煤种	校核煤种
1	真密度	t/m^3		
2	堆积密度	t/m^3	0.80	0.77
3	安息角	度	42	40

总体来讲，本工程煤种及飞灰对电除尘收尘来说难易程度一般。

4.2.4　现有电除尘器技术参数

该厂每台锅炉原配置2台由浙江菲达环保科技股份有限公司设计的双室四电场2FAA4X40M-2X152-150型静电除尘器。单台炉除尘器入口设计烟气量为2524106 m^3/h，除尘效率保证值为99.78%。电除尘器于2007年投入运行。

现有电除尘器设计的主要技术参数见表4.9。

表4.9　单台电除尘器主要技术参数

序号	项目	单位	内容
1	保证效率	%	99.78
2	本体压力	Pa	≤245
3	入口实际烟气体积（修正）	m^3/h	1262053
4	本体漏风率	%	≤2.5
5	噪声	dB	≤85
6	外形尺寸	m×m×m	22.8×31.24×16.65
7	有效截面积	m^2	456
8	长高比		1.07
9	室数/电场数		2/4
10	通道数		76
11	单个电场的有效长度	m	4
12	电场的总有效长度	m	16
13	阳极板型式及总有效面积	m^2	480C型SPCC，2×37440

表4.9（续）

序号	项目	单位	内容
14	阳极板规格：高×宽×厚	m×mm×mm	15×480×1.5
15	单个电场阳极板块数		624
16	阴极线型式及总长度	m	RSB，SPCC/螺旋线36480
17	沿气流方向阴极线间距	mm	500/250
18	比集尘面积	$m^2/(m^3 \cdot s^{-1})$	106.8（计算值104.06）
19	驱进速度	cm/s	7.52（计算值5.73）
20	烟气流速	m/s	0.87
21	烟气停留时间	s	18.45
22	同极距	mm	400
23	振打方式		侧面传动振打
24	壳体设计压力 负压 正压	 kPa kPa	 -8.7 8.7
25	壳体材料		Q235-A
26	每台除尘器灰斗数量	个	16
27	灰斗料位计型式		射频导纳
28	整流变压器台数	台	8（分小区供电）
29	整流变压器型式及重量	t	油浸式/2
30	每台整流变压器的额定容量	kVA	185（1.8/72 kV，因子0.7）
31	整流变压器适用的海拔高度和环境温度	m/℃	1000/-30～+45
32	每台炉电气总负荷	kVA	3414
33	每台炉总功耗	kVA	2340
34	每台除尘器总重量	t	1533

4.3 电除尘器改造工程

4.3.1 除尘器改造技术参数

4.3.1.1 烟气设计参数

除尘器主要设计参数表见表4.10。

表4.10 除尘器主要设计参数表（单台炉）

类别	参数名称	单位	参数值		备注
			设计煤种	校核煤种	
主要参数	烟气量（工况，实测）	m^3/h	2994000	2954000	
	烟温	℃	145	145	
	烟气水露点温度	℃	46.1	45.4	计算值
	烟气酸露点温度	℃	93.0	93.0	计算值
	入口烟尘浓度（标、干、6%O_2）	g/Nm^3	21.6	29.1	
化学成分	SO_2（标、干、6%O_2）	mg/Nm^3	2435		按照煤中最大含硫量考虑
	SO_3（标、干、6%O_2）	mg/Nm^3	25.5		
	O_2	%	4.4	4.5	湿基
	CO_2	%	13.39	13.27	湿基
	N_2	%	72.32	72.76	湿基
	H_2O	%	10.14	9.79	湿基

注：利用多依奇公式计算，采用校核煤种（恶劣煤种）情况下，当除尘器入口烟气量为2954000 m^3/h时，除尘效率为99.387%，除尘器出口实际烟尘排放浓度为178.3 mg/Nm^3。

4.3.1.2 改造目标

设计效率不小于99.863%（除尘器入口浓度为29.1 g/Nm^3时）；除尘器出口烟尘排放浓度保证值小于40 mg/Nm^3（α = 1.4）；压力视不同方案而定，最大不超过1000 Pa；除尘器在烟温150 ℃情况下，能够连续运行；本体漏风率小于3%；气流均布系数小于0.25；距壳体1.5 m处最大噪声级噪声不大于85 dB（A）。

4.3.1.3　改造场地情况

二期工程总平面布置是典型的三列式格局，北为开关场（GIS），中为主厂房，南为储煤场。电除尘器位于主机与脱硫区域之间，北侧为主机区域，南侧为脱硫系统区域，东侧为1、2号机组区域。

电除尘器一电场距锅炉R轴距离为8.13 m，电除尘器总长为32 m（电场柱距均为4.70 m，入口喇叭长为6 m，出口喇叭长为3.2 m），单台除尘器宽为28.72 m，从锅炉间R轴线至引风机基础距离为37.13 m。

电除尘器一电场入口烟道直接与空预器出口烟道相连，烟道上方设置有SCR脱硝装置及附属的烟道和钢架；四电场最后一个柱脚距引风机基础为6.200 m，现有条件下，理论上具备除尘器纵向增容的空间。两台电除尘器间距仅为2.5 m，电除尘器无法进行加宽。

每台除尘器进出口均为2个，进口采用平进式，出口烟道为平出式。烟道尺寸均为4 m×4 m。烟气经电除尘器出口水平烟道一段后，向下进入引风机，由引风机引出后，烟气经过脱硫系统后，通过烟囱排入大气。

现有电除尘器场地实况图见图4.1。

图4.1　现有除尘器场地实况图（装设SCR脱硝装置后）

4.3.2　改造方案初选

目前，电除尘器在改造方案选择时，可采用的技术一般有电除尘器本体改造增效、电袋（布袋）除尘器、电控系统改造（高效电源）、低压省煤器+高效电源、旋转电极等方案，在实际应用时，可根据情况，将不同方案进行组合。

针对本工程的现场条件，方案初选结果如下。

（1）低低温烟气换热器改造技术方案不可行。低低温技术的理论基础是烟气经烟气换热器冷却后，温度从120～160 ℃降到95～110 ℃，烟气中的SO_3与水蒸气结合，生成硫酸雾，此时的烟气由于未采取除尘措施，SO_3被飞灰颗粒吸附，当吸附SO_3的烟尘颗粒进入电除尘器时，被电除尘器捕捉，并随飞灰排出，不仅保证了更高的除尘效率，而且解决了下游设备的防腐蚀难题。对电除尘器的突出好处是降低除尘器入口烟温，提高除尘器比集尘面积，降低烟尘比电阻，减少除尘器入口烟气量，提高除尘器效率，达到提高除尘器效率与节能的目的。

在实际应用中，采用低低温技术，需要有安装低低温烟气换热器的现场空间，本工程除尘器入口烟道及喇叭口位置完全被脱硝装置及其钢架所占据，没有加装低低温烟气换热器的空间，因而该改造方案不能采用。

（2）旋转电极方案不可行。由于本工程电除尘器烟尘排放浓度达到178.3 mg/Nm^3（校核煤种），而旋转电极方案是对末电场进行清灰，以减少二次扬尘，并不能实质提升电除尘器的收尘效率。根据国内电厂的调研结果，采用旋转电极改造前除尘器烟尘排放浓度为120 mg/Nm^{3}的电厂，旋转电极在投运1年之后，除尘器实际运行效率大幅下降，且旋转电极设备故障隐患较多，一旦发生故障，会直接导致除尘器停运，进而影响锅炉正常运行。因此，考虑到烟尘的达标排放与除尘器稳定运行，本工程不建议采用旋转电极方案。

针对本工程实际条件进行筛选后，可选方案为电除尘器增容、电袋复合除尘器、电控系统改造方案。

4.4 除尘器改造方案

4.4.1 电除尘器增容与电控系统改造（方案一）

4.4.1.1 方案概述

本工程比集尘面积设计值为106.8 m^2/(m^3·s^{-1})，总有效收尘面积为36480 m^2，电除尘器的实际驱进速度为5.73 cm/s。

本次改造电除尘器出口烟尘排放小于40 mg/m^3，入口烟尘浓度为29.1 g/Nm^{3}时，除尘效率需达到99.863%。根据多依奇公式，理论上比集尘面积至少需要不小于110.03 m^2/(m^3·s^{-1})，总收尘面积达到45144 m^2。因此，至少要将原除尘器极板扩容1.2375倍，即增加8664 m^2。

4.4.1.2 改造初步设计

电除尘器增容的方案通常有极板加宽、加高及加长。相比较而言，应当优先增加电场，这是由粉尘的荷电特性及被收集的难易程度决定的，不同粒径的粉尘只有在不同电压等级与电场强度下，才能保证其迅速而充分荷电及有效被收集。因此，同一台除尘器在收尘面积相同的前提下，采用多而小的电场要比少而大的电场更有利于提高收尘效率。此外，除尘器加高的投资成本也较加长成本高，加之本工程阳极板高度已没有加高裕量，因而本工程应优先考虑增加电场长度。

（1）现场条件。除尘器尾部与引风机房外墙相距6.2 m，本次改造必须在现有条件下进行。

（2）改造设计。考虑到改造空间不足，将除尘器出口烟尘排放放宽到50 mg/Nm^3，结合电控系统改造，最终将除尘器出口烟尘排放标准降到40 mg/Nm^3。

具体地，新增五电场，增加收尘面积8664 m^2，设计比集尘面积为21.11 m^2/(m^3·s^{-1})，新增电场长度为4.32 m，除尘器出口烟尘排放为50 mg/Nm^3。进一步将现有除尘器一、二电场供电电源改造为高频电源（根据有关资料统计，高频电源可有15%～30%的除尘效率），因而可保证除尘器出口烟尘排放小于40 mg/m^3。

4.4.1.3　改造方案

（1）方案总则。本方案采取“高频电源+本体扩容”方式，主要目的如下：一是加强电除尘器对粉尘荷电的能力，使粉尘更容易荷电而被极板捕集，提高收尘效率；二是增大收尘面积，加长粉尘在电场内停留时间，以尽可能捕集更多的粉尘，配合对原电除尘气流均布的改善等措施来达到除尘器提效，满足低排放目的。原除尘器一、二、三、四电场内部结构不变，壳体利旧（改造后引风机压头不变，壳体不必修改），灰斗利旧。原一、二电场工频电源更换为高频电源，保温及外护板部分更新。原电除尘器的壳体、梁、钢支架、进出口烟道和灰斗应进行强度荷载核算、补强、检查检修、喷涂防腐漆，对内部结构进行检修，对放电尖端磨损严重的阴极线进行更新，调整极间距等。

（2）改造主要内容。利用现有的电除尘器基础、支架、底梁和灰斗等设备；保留原电除尘一、二、三、四电场，钢支架，壳体，灰斗，进口喇叭等；对前电场损坏的极板、极线、振打装置、气流均布板进行更换；新增的五电场增加收尘极及放电系统，增加灰斗、壳体、平台扶梯、气力输灰系统及设备，现有除尘器出口膨胀节利旧，改造后单台除尘器灰斗数目由8个增加到10个。

与原四电场电除尘器相比，高度和宽度方向不变，电除尘器头部与现有支架对齐，出口喇叭口更新，出口烟道及烟道支架需向后移动4.32 m。

（3）极距。新增电场极板极距与一、二、三、四电场保持一致，为400 mm。

（4）电控系统。将现有除尘器一、二电场整流变压器全部更换为高频电源，拆除原整流变压器、高压控制柜，新增电场采用整流变压器，利旧一、二电场拆下的整流变压器；新增8台高频电源，型号为GGYAj-1.6 A/72 kV，配新的高压隔离开关柜及相关通讯、控制电缆。

（5）立柱。除尘器由四电场改为五电场，每台除尘器新增2根立柱（向后移动4.32 m）。

(6) 引风机房。引风机房靠近除尘器侧外墙，给除尘器出口喇叭让出空间，相应地进行改造。

(7) 气力输灰系统。所有气源设备、所有就地控制柜、灰库设备利旧；输灰系统新增的阀门控制进入原除灰DCS控制系统，除灰控制程序增加五电场输灰控制模块；由于总的灰量没有改变，因此需要压缩空气量不变，除灰空压机利用原有。

4.4.1.4 改造后电除尘器主要设计参数

电除尘器增容改造后，主要技术参数表见表4.11所示。

表4.11 单台电除尘器主要技术参数表

序号	项目	单位	内容
1	保证效率	%	>99.71%
2	本体压力	Pa	≤245
3	工况烟气量	m^3/h	1477000
4	本体漏风率	%	≤3
5	外形尺寸	m×m×m	27.12×32.49×19.65
6	有效截面积	m^2	456
7	室数/电场数		2/5
8	通道数		76（一、二、三、四、五电场）
9	电场有效长度	m	16（一、二、三、四电场）；3.8（五电场）
10	电场有效高度	m	15（一、二、三、四电场）；15（五电场）
11	电场有效面积	m^2	36480（一、二、三、四电场）；8664（五电场）
12	比集尘面积	$m^2/(m^3\cdot s^{-1})$	110.03
13	驱进速度	cm/s	5.73
14	烟气流速	m/s	0.9
15	同极距	mm	400（一、二、三、四电场）；400（五电场）
16	壳体设计压力 负压 正压	 kPa kPa	 -8.7 8.7
17	每台除尘器灰斗数量	个	10
18	灰斗加热型式		按原设计
19	灰斗料位计型式		射频导纳
20	高频电源台数	台	4

4.4.1.5　改造设备清单

除尘器增加一个电场后，本体设备清单见表4.12。

表4.12　电除尘器增容设备清单（单台炉）

序号	名称	规格型号	单位	数量	备注
1	新电场支撑，滑动轴承		套	5	
2	新电场的绝缘子室		套	1	采用大保温箱
3	新电场灰斗挡板		套	4	每个灰斗1套
4	新电场阴极框架		套	152	
5	阴极线		m	17863	
6	新电场壳体、灰斗检修门		套	5	配喇叭检修门
7	新电场灰斗加热系统		套	4	与原电场相同配置
8	出口烟箱		个	2	换新
9	原电场支撑框架加强（如果需要）		套		经计算确认
10	新电场楼梯，平台和扶手的延伸		套	1	
11	新电场保温		套	1	与原电场设计一致

除尘器增加一个电场后，电控设备清单见表4.13。

表4.13　电除尘器增容后电控设备清单（单台炉）

序号	名称	规格	单位	数量	备注
1	高频电源	GGYAj-1.6 A/72 kV	台	8	一、二电场
2	高压控制柜改造		台	8	一、二电场
3	高压控制柜升级		台	8	三、四电场
4	低压控制柜升级		台	1	
5	上位机系统升级		套	1	
6	通讯电缆	DJYPVP3×2×0.5 mm	套	1	
7	控制电缆1	ZR-KYJV-0.75kV-2 mm×1.5 mm	套	按需	
8	控制电缆2	ZR-KYJVP-3 mm×1.5 mm	套	按需	

注：新增电场的电控设备利旧原一、二电场电控设备。

4.4.1.6 改造工期

采用该方案改造每台炉总施工工期约为60 d，停炉工期约为45 d。

4.4.1.7 气力输灰系统改造

（1）气力输送系统现状。该锅炉配备两台单室四电场静电除尘器用于集尘，每台电除尘器下设16个灰斗。每台炉设置一套正压浓相气力输送系统，用于输送锅炉电除尘器灰斗中的飞灰。其中，一、二电场的干灰（粗灰）输送到粗灰库内，电除尘器三、四电场的干灰（细灰）输送到细灰库内。气力输灰系统考虑50%的裕度（原设计煤种）、20%的裕度（原校核煤种），输送距离约为480 m。

输灰系统（单台炉）原始布置：一电场采用8台MD泵（型号为45/8/8，1.43 m^3）串联的方式，通过一根Φ219×8 mm独立管道将灰输送至粗灰库，并可通过切换进入另两座灰库；二电场采用8台MD泵（型号为30/8/6，0.95 m^3）串联的方式，通过一根Φ168×7 mm独立管道将灰输送至粗灰库，并可通过切换进入另两座灰库；三、四电场分别采用8台AV泵（型号为4.0/8，0.14 m^3）串联的方式，考虑三、四电场灰量较少，输送设备运行次数较少，因此采用电场间交替运行的方式，两个电场通过管路切换阀合用一根Φ168×7 mm管道，将灰输送至细灰库，并可通过切换进入另两座灰库；二、三、四电场系统出力考虑了当一电场停运时，满足燃用原设计煤种下输灰系统锅炉排灰的需求。

（2）气力输送系统改造分析。按照原始煤质情况，锅炉的最大灰量为68.95 t/h，电除尘器增容改造增加一个电场后，锅炉实际总灰量为56 t/h，按照规范要求，正压浓相气力输灰系统设计出力应按照实际灰量的150%考虑。除尘器改造前后每个电场的输灰量与设计值见表4.14。

表4.14 改造前后正常运行时锅炉排灰量表

序号	项目	单位	原设计煤种	原校核煤种	改造后实际灰量	改造后设计灰量	改造后一电场故障时设计灰量
1	锅炉总灰量	t/h	45.45	68.95	56	84	84
2	一电场	t/h	36.31	55.10	44.80	67.20	8.40
3	二电场	t/h	7.23	10.96	8.96	13.44	60.48
4	三电场	t/h	1.450	2.200	1.793	2.690	12.100
5	四电场	t/h	0.360	0.540	0.358	0.538	2.416
6	五电场	t/h	无	无	0.088	0.132	0.604
7	除尘效率	%	99.780	99.780	99.863		

（3）输灰系统改造参数。本工程改造后，输灰系统改造设计参数见表4.15。

表4.15　输灰系统改造设计参数

参数	灰管一、二	灰管三
管径/mm	*DN*150/*DN*200	*DN*150
当量长度/m	480	480
输送量/($t\cdot h^{-1}$)	>40.32	>15.12
输送空气量/($Nm^3\cdot min^{-1}$)	18.0	12.5

注：空气大气压为101.5 kPa，标况温度为200 ℃。

（4）输灰系统设备改造方案。根据上述灰量分布分析及对系统出力的要求，输灰系统改造可按照以下方式考虑。

① 灰管改造。一、二电场为粗灰，三、四、五电场为细灰，管道布置采用一、二电场共享2根灰管*DN*150/200（灰管一、二，沿气流方向均匀分开），三、四、五电场共享1根灰管*DN*150（灰管三）。灰管一、二设计出力为40.32 t/h，灰管三设计出力为15.12 t/h，每根输送管道可以任意切换三座灰库。除尘灰直管部分采用20号无缝钢管，采用内衬陶瓷耐磨弯头。

② 仓泵改造。根据改造后设计灰量要求，现有仓泵均需改造。其中，一、二电场仓泵分别由1.43 m^3、0.95 m^3更换为2 m^3的仓泵，三、四电场仓泵由0.14 m^3更换为1 m^3和0.25 m^3的仓泵，新增五电场采用0.15 m^3仓泵。所有仓泵采用LTR-M型，多点可控进气方式，每个仓泵既可单仓泵运行，也可多个仓泵组合运行。通过一、三次气的比例调节系统的给料量和仓泵出力。

③ 仓泵配套阀门。一、二、三、四、五电场每4台仓泵配1个*DN*150出料阀。一、二、三、四、五电场4台仓泵为1个输送单元。一、二电场每2台仓泵配置1个*DN*65平衡阀，三、四、五电场每4台仓泵配1个*DN*65平衡阀。仓泵进料阀采用*DN*200摆动阀。

④ 电控系统改造。现场每台仓泵配1台就地控制箱（单台炉新增20台）。对原有输灰系统电控部分改造，输灰系统新增的阀门控制进入原除灰DCS控制系统；控制系统利用原来的PLC+CRT控制方式，利用原来编程软件包和监控软件包，重新编制控制程序和监控画面，所有仪控部分硬件（如PLC模块、电缆、桥架等）尽量利旧。

⑤ 气源设备。输灰系统改造后2台机组峰值耗气量为97 Nm^3/min，电厂目前有6台GA250型空压机，2运4备，单台空压机供气量为43.7 Nm^3/min。因而，可以满足改造要求。本次改造所有气源设备、所有就地控制柜、灰库设备按照全部利旧考虑。

（5）设备改造清单。本工程输灰系统改造后设备清单见表4.16所示。

表4.16 设备改造清单（单台炉）

序号	名称	规格	单位	数量	备 注
1	机务部分				
1.1	手动插板阀	*DN*200	个	40	
1.2	方圆节	非标	个	40	
1.3	落灰管	*DN*200	个	40	
1.4	伸缩节	*DN*200	个	40	
1.5	一、二电场仓泵及其组件	2 m^3	套	16	
1.5.1	进料阀	*DN*200	台	16	
1.5.2	出料阀	*DN*150	台	4	
1.5.3	平衡阀	*DN*65	台	8	
1.5.4	清堵阀	*DN*80	台	2	
1.5.5	一次气组件		套	4	
1.5.6	三次气组件		套	4	
1.5.7	助吹气组件		套	2	
1.6	三电场仓泵及其组件	1.0 m^3	套	8	
1.6.1	进料阀	*DN*200	台	8	
1.6.2	出料阀	*DN*150	台	2	
1.6.3	平衡阀	*DN*65	台	2	
1.6.4	清堵阀	*DN*80	台	1	
1.6.5	一次气组件		套	2	
1.6.6	三次气组件		套	2	
1.6.7	助吹气组件		套	2	
1.7	四电场仓泵及其组件	0.25 m^3	套	8	
1.7.1	进料阀	*DN*200	台	8	
1.7.2	出料阀	*DN*150	台	2	
1.7.3	平衡阀	*DN*65	台	2	

表4.16（续）

序号	名称	规格	单位	数量	备　注
1.7.4	一次气组件		套	2	
1.7.5	三次气组件		套	2	
1.7.6	助吹气组件		套	2	
1.8	五电场仓泵及其组件	1.5 m^3	套	8	
1.8.1	进料阀	*DN*200	台	8	
1.8.2	出料阀	*DN*150	台	2	
1.8.3	平衡阀	*DN*65	台	2	
1.8.4	一次气组件		套	2	
1.8.5	三次气组件		套	2	
1.8.6	助吹气组件		套	2	
2	管道部分				
2.1	输灰管道	150/200	套	1	
2.2	耐磨弯头及三通	150/200	套	1	
2.3	气管		套	1	
2.4	法兰等连接附件		套	1	
2.5	库顶切换阀	*DN*150	台	2	
2.6	库顶切换阀	*DN*200	台	4	
3	控制部分				
3.1	控制系统改造		套	1	含软件编制及调试
3.2	仓泵就地箱	600×550×310	面	40	
3.3	料位开关	射频导纳	台	16	一、二电场仓泵
3.4	压力变送器	0 ~ 1 MPa	台	4	
3.5	压力表	0 ~ 1 MPa	台	4	
3.6	隔膜压力表	0 ~ 1 MPa	台	4	

4.4.2 电袋复合除尘器改造（方案二）

4.4.2.1 电袋除尘器工作原理

电袋复合式除尘器的电除尘区在烟气中起到预除尘及荷电功能，对改善进入袋区的粉尘工况起到重要作用。通过预除尘可以降低滤袋烟尘浓度，降低滤袋压力上升率，延长滤袋清灰周期，避免粗颗粒冲刷、分级烟灰等，最终达到节能及延长滤袋寿命的目的；通过荷电可使大部分粉尘带有相同极性并相互排斥，少数不同荷电粉尘由细颗粒凝并成大颗粒，沉积到滤袋表面，且有序排列，形成的粉尘层透气性好、空隙率高、剥落性好。所以，电袋复合式除尘器利用荷电效应可以减少除尘器的阻力，提高清灰效率，并使设备的整体性能进一步提高。

4.4.2.2 改造方案

（1）总体设想。保留现有电除尘器4个电场中的一、二电场，改造三、四、五电场为布袋，从而形成电袋复合除尘器的整体结构，改造范围在原有除尘器进出口喇叭法兰内。

（2）改造设计。本工程改造为电袋除尘器，理论上可采取保留1个电场（1电1布式）和保留2个电场（2电1布式）两种改造方式。但由于本项目的烟气量较大，为保证电袋除尘器有足够的除尘效率，除尘器的袋区空间必须保证袋区在选取的过滤风速下有足够的过滤面积。以下对两种改造方式进行论证，指标对比数据见表4.17所示。

表4.17 电袋除尘器（单台除尘器）不同方案对比

序号	项目	单位	1电1布	2电1布
1	袋区有效长度	m	12	8
2	袋区有效宽度	m	31.24	31.24
3	烟气量	m^3/h	1497000	1497000
4	过滤风速	m/min	1.0	1.1
5	过滤面积	m^2	24950	22682
6	滤袋规格	mm	$\Phi168\times8300$	$\Phi168\times8300$
7	每条滤袋过滤面积	m^2	4.35	4.35
8	滤袋边缘间隔	mm	50	50
9	所需滤袋数	个	5736	5214
10	剩余电场可装滤袋数	个	6486	3864

由表4.17可以看出，只有采用1电1布式，才可以满足所需过滤面积的要求。

（3）改造方案。工程设计采用利旧原则，尽量保证原有电除尘器的本体及框架不动，拆除三、四、五电场及其附属设备后，装设布袋。由于布袋区较静电除尘区的荷载小，因而可以利用原有的基础，不需要增加额外的支撑结构。灰斗下标高不变。主要改造内容如下。

① 电除尘区部分。检修进口喇叭气流分布装置，防止内部结构受高硅分飞灰磨损。对一电场所有阴极线、阳极板、振打器及相关配件进行更换；更换一电场高压整流设备为高频电源，采用前后两个分区方式，每台除尘器新增4台高频电源。拆除二、三、四电场壳体内的所有设备，包括收尘极板、电极线、振动装置、整流变等。除尘器进出口喇叭范围外烟道不改动。灰斗壁板与水平夹角要大于60°，以保证排灰通畅，必要时，进行整改。

② 袋式除尘区部分。布袋除尘区选用低压长袋技术，考虑袋区在线检修功能，单台炉布袋除尘区划分多个分室结构。在一、二电场位置之间安装气流导向和均布装置，减少由烟气带来的二、三、四、五电场位置的布袋袋束冲刷；在除尘器二、三、四电场柱顶位置安装布袋除尘器的净气室和含尘气室的隔板，并在隔板上安装花板，以便安装滤袋。在电场顶部设置旁路烟道（按照50%容量进行设计），在布袋除尘区顶部设置旁路阀，使除尘器具备旁路烟道和除尘双通道，实现袋区超高、低温保护；旁路烟道须设置密封装置，防止旁路烟气返回净气室。考虑袋区在线检修功能，在布袋除尘区每条通道的进出口处，即电除尘区入口和布袋除尘器的出口设置了电动挡板门，通过关闭进出口挡板门，将需要检修的通道隔离出来，打开侧部检修门及顶部通风孔，待2 h洁净室温度降到40 ℃以下后，就可以进行在线检修，同时不会影响其他工作室正常运行。在除尘器净气室安装滤袋破损检测观察装置，以便对除尘器进行检查和维护。利用现有除尘器出口浊度计。在每台除尘器的入口管段安装粉尘预涂装置，在油点炉或油煤混烧时，对除尘器进行粉尘预涂，可以有效地防止油污糊袋现象发生。袋区灰斗壁板与水平夹角要大于60°，以保证排灰通畅，必要时，进行整改。除尘器的电缆和桥架根据现场情况，优先利旧，并在将来的设计中考虑是否需要移位改造。楼梯过道、起吊装置、保温外护等，按照利旧和部分新增设计。

（4）滤袋选择。本工程除尘器入口连续运行烟温为150 ℃，为适应烟温和现有烟气成分条件，拟选用耐高温、防水、防油、防酸碱腐蚀、抗糊袋的滤料材料，滤袋有效使用寿命不小于35000 h，滤料推荐PPS+PTFE基布，配以先进的针刺与FCT（纳米涂层发泡）工艺。滤袋技术参数表见表4.18所示。

表4.18 滤袋技术参数表

克重	g/m²	550
厚度	mm	1.8
透气量	L·min/dm²	140
断裂强度	经向（N/5cm）	≥900
	纬向（N/5cm）	≥1200
断裂伸长率	经向/%	≤30
	纬向/%	≤50
热收缩	经向/%	≤1.5
	纬向/%	≤1.0
持续使用温度	℃	≤165
瞬间使用温度	℃	200
使用寿命	h	30000

电袋除尘器电场在工况条件下工作，即使产生少量的臭氧，当烟气温度达到130 ℃以上时，电场放电产生的臭氧迅速分解。由于臭氧的分解速率除了和温度有关外，可能还跟气体中的气氛有极大的关系，硫化物等还原性气体可能加速臭氧分解。根据理论和现场实测，电袋除尘器电场在操作运行不当的前提下，产生少量的臭氧，臭氧对PPS滤料的寿命有影响，但是臭氧不稳定，在高温烟气条件下，快速氧化分解，对滤袋的寿命几乎没有影响。

（5）吹灰方式选择。布袋除尘器有旋转脉冲清灰和行脉冲清灰两种工艺方案；布袋采用低压脉冲喷吹清灰。这两种方式正常运行都能满足除尘器稳定运行的需要。以下就两种清灰方式进行对比分析。

① 行脉冲清灰。滤袋按照行规则排列设计，每个滤袋均有对应的喷吹口，清灰压力较高（0.2～0.3 MPa），当启动清灰程序时，每个脉冲阀按照设定的顺序通过一行行固定的喷吹管对各行所有滤袋依次清灰，每个滤袋的清灰条件相同。其清灰的部件包括气源、气包、电磁阀、脉冲阀、喷吹管、喷嘴和喷射器。这种清灰方式清灰彻底，没有死角。行喷吹气源采用压缩空气。行脉冲喷吹清灰以强劲、高效、彻底的性能成为主流技术。滤袋区采用脉冲喷吹结构，滤袋按照行列矩阵布置，前后左右滤袋之间间隔均匀，有效地保证了电袋两区之间气流衔接与分布均衡，使电袋综合性能最优。行脉冲清灰有利于电袋复合除尘器内部气流均匀分布，可以有效地避免滤袋的不均匀

破损。

② 旋转脉冲清灰。每个过滤单元（束或分室）配制一个大口径（12英寸）脉冲阀和多臂旋转机构，脉冲喷吹清灰压力为0.085 MPa，滤袋为椭圆形，同心圆方式布置。一般清灰结构按照固定速度常转，转臂位置与清灰控制无关联，当脉冲阀动作时，无法保证转臂喷吹口与滤袋口对应，时有出现清灰气流喷于花板或一部分滤袋永远未受到清灰。旋转脉冲清灰气源采用罗茨鼓风机。旋转脉冲清灰方式的特点是结合了脉冲和低压反吹风两种技术形成的一种清灰方式，源自德国鲁奇，在我国中小型燃煤电厂有较多的应用。这种清灰压力低，并采用“模糊清灰”，即清灰时旋转转臂喷吹口与滤袋口之间的位置未一一对应，清灰力薄弱，效果不彻底。当旋转脉冲结构组合于电袋时，由于滤袋按照同心圆布置，内部气流分布紊乱，不利于滤袋表面荷电粉尘的“蓬松”堆积，无法最大限度地发挥电袋复合除尘器荷电粉层低阻的优势。基于上述两点，旋转脉冲袋技术未能在电袋中普遍应用，特别是在300 MW以上大型机组应用很少。

综上所述，本工程推荐行脉冲清灰工艺，其清灰系统的基本部件包括喷吹气源、气包、电磁阀、脉冲阀、喷吹管、喷嘴等。电磁脉冲阀是脉冲清灰动力元件，选用隔膜式、进口设备。清灰系统使用原装进口的电磁脉冲阀，保证使用寿命五年（100万次），脉冲阀的结构要适应当地严寒气候，不因冰冻影响脉冲阀动作的灵敏性；安装脉冲阀的容器必须采用直径370 mm以上无缝钢管进行加工，以保证脉冲瞬间工作需要的容积，同时强度符合《钢制压力容器》(GB 150—1998)。

（6）清灰采用的气源。清灰的压缩空气量的核定是按照单个开关一次电磁阀耗气量为1.0 Nm^3/min（考虑到电磁阀关闭滞后），清灰周期最短为2400 s，本工程每台炉所需电磁阀数量约为998个，备用系数1.2估算，每台锅炉除尘器需要约30 Nm^3/min压缩空气量。清灰气源采用空压机，本期改造利旧2台GA250型空压机。

（7）电除尘器壳体强度校核。本工程实施电袋改造后，引风机将提高压力约为1000 Pa，由此原除尘器壳体承受的压力比改造前增加约为1000 Pa，因此本工程改造时需要对壳体强度进行校核。对于使用时间较短的梁柱型结构或安全系数取值较大且原设备设计承压值较高的电除尘器改造，可作简单局部加固；对于轻型薄壁结构或使用多年、腐蚀老化的旧设备，则应做详细的结构计算，确定合理的加固方案。本工程建议在设计时，由原除尘器供货厂家对除尘器现有设备进行结构计算，以满足除尘器稳定运行的需要。

（8）改造清单。除尘器改造后主要的设备清单见表4.19至表4.22。

表4.19　电袋复合除尘器本体部分设备改造清单（单台炉）

序号	名称	规格型号	数量	备 注
1	电除尘器壳体改造	Q235	1套	新增部分
2	钢结构加强		1套	旧结构加强
3	本体烟道	Q235	1套	新增部分
4	平台、扶梯及栏杆	Q235	1套	新增部分
5	保温金属附件（含勾钉、紧固件等）		1套	新增部分
6	保温岩棉和外护板		1套	新增部分
7	进出口挡板门		1套	新增部分
8	旁路插板门		1套	新增部分

表4.20　电袋复合除尘器电控部分设备改造清单（单台炉）

序号	名称	规格型号	数量	备注
1	高频电源		4套	新增部分
2	检修及照明箱		1个	按需供货
3	分析仪表		1套	按需供货
4	起点终点都在本体上的电缆和电缆桥架		1套	新增部分（考虑利旧）

表4.21　布袋部分设备改造清单（单台炉）

<table>
<tr><th>序号</th><th colspan="2">设备名称</th><th>规格型号</th><th>数量</th></tr>
<tr><td>1</td><td rowspan="3">清灰系统</td><td>滤袋</td><td>PPS+PTFE基布</td><td>49900 m²</td></tr>
<tr><td>2</td><td>袋笼</td><td>有机硅喷涂</td><td></td></tr>
<tr><td>3</td><td>电磁脉冲阀</td><td>进口淹没式</td><td>998个</td></tr>
<tr><td rowspan="3">4</td><td rowspan="3">保护系统</td><td>预涂灰装置</td><td></td><td></td></tr>
<tr><td>旁路烟道</td><td></td><td></td></tr>
<tr><td>旁路插板门</td><td></td><td></td></tr>
<tr><td rowspan="3">5</td><td rowspan="3">控制系统</td><td>差压计</td><td></td><td></td></tr>
<tr><td>测温仪</td><td></td><td></td></tr>
<tr><td>压力计</td><td>1151系列</td><td></td></tr>
</table>

表4.22　空压机系统改造清单及投资估算（单台炉）

序号	名称	规格型号	单位	数量	备注
1	空压机	Atlas-Copco	台/套	1	包括基础、安装费
2	吊车		台/套	1	按需供货
3	相关管道		台/套	1	包括冷却水管道等

4.4.2.3　相关设备改造

（1）气力输送系统改造

① 气力输送系统改造分析。在原始煤质情况下，3号、4号炉的最大灰量为68.95 t/h，电除尘器改造为电袋复合除尘器后，锅炉实际总灰量为56 t/h，按照规范要求，正压浓相气力输灰系统设计出力应按照实际灰量的150%考虑。除尘器改造前后每个电场的输灰量与设计值见表4.23。

表4.23　改造前后正常运行时锅炉排灰量表

序号	项目	单位	原设计煤种	原校核煤种	改造后实际灰量	改造后设计灰量	改造后一电场故障时设计灰量
1	锅炉总灰量	t/h	45.45	68.95	56	84	84
2	一电场	t/h	36.31	55.10	44.8	67.20	8.40
3	二电场	t/h	7.23	10.96	3.73	5.60	25.20
4	三电场	t/h	1.45	2.20	3.73	5.60	25.20
5	四电场	t/h	0.36	0.54	3.73	5.60	25.20
6	除尘效率	%	99.780	99.780	99.863		

② 输灰系统改造参数。本工程改造后，输灰系统改造设计参数见表4.24。

表4.24　输灰系统改造设计参数

序号	参数	灰管一、二、三、四
1	管径/mm	*DN*150/*DN*200
2	当量长度/m	480
3	输送量/($t \cdot h^{-1}$)	>37.8
4	输送空气量/($Nm^3 \cdot min^{-1}$)	17.5

注：空气大气压为101.5 kPa，标况温度为200 ℃。

③ 输灰系统设备改造方案。根据上述灰量分布分析及对系统出力的要求，输灰系统改造可按照以下方式考虑。一是灰管改造。一电场配置2根灰管（灰管一、二），袋区共享2根灰管（灰管三、四，沿气流方向均匀分开）。各灰管出力为灰管一、二为33.6 t/h，灰管三、四为37.8 t/h。所有灰管的设计出力均取37.8 t/h。在正常运行时，灰管三、四实行交叉输送，每根输送管道可以任意切换三座灰库。除尘灰直管部分采用20号无缝钢管，采用内衬陶瓷耐磨弯头。二是仓泵改造。根据改造后设计灰量要求，现有仓泵均需改造。其中一电场仓泵由1.43 m^3更换为2 m^3的仓泵。二、三、四电场仓泵均更换为1 m^3的仓泵。所有仓泵采用LTR-M型、多点可控进气方式，每台仓泵既可单仓泵运行，也可多个仓泵组合运行。通过一、三次气的比例调节系统的给料量和仓泵出力。三是仓泵配套阀门。一、二、三、四电场每4台仓泵配1个*DN*150出料阀。一、二、三、四电场4台仓泵为一个输送单元。一电场每2台仓泵配置1个*DN*65平衡阀，二、三、四电场每4个仓泵配1个*DN*65平衡阀。仓泵进料阀采用*DN*200摆动阀。四是电控系统改造。现场每台仓泵配1台就地控制箱（单台炉新增16台）。对原有输灰系统电控部分改造，输灰系统新增的阀门控制进入原除灰DCS控制系统；控制系统利用原来的PLC+CRT控制方式，利用原来编程软件包和监控软件包，重新编制控制程序和监控画面，所有仪控部分硬件（如PLC模块、电缆、桥架等）尽量利旧。五是其他设备输灰系统改造后，所有气源设备、所有就地控制柜、灰库设备全部利旧。

④ 设备改造清单。本工程输灰系统改造后设备清单见表4.25所示。

表4.25　设备改造清单（单台炉）

序号	名称	规格	单位	数量	备　注
1	机务部分				
1.1	手动插板阀	*DN*200	个	32	
1.2	方圆节	非标	个	32	
1.3	落灰管	*DN*200	个	32	
1.4	伸缩节	*DN*200	个	32	
1.5	一电场仓泵及其组件	2 m^3	套	8	
1.5.1	进料阀	*DN*200	台	8	
1.5.2	出料阀	*DN*150	台	2	
1.5.3	平衡阀	*DN*65	台	4	
1.5.4	清堵阀	*DN*80	台	2	
1.5.5	一次气组件		套	2	
1.5.6	三次气组件		套	2	

表4.25（续）

序号	名称	规格	单位	数量	备　注
1.5.7	助吹气组件		套	2	
1.6	二、三、四电场仓泵及其组件	1.0 m^3	套	24	
1.6.1	进料阀	*DN*200	台	24	
1.6.2	出料阀	*DN*150	台	6	
1.6.3	平衡阀	*DN*65	台	6	
1.6.4	清堵阀	*DN*80	台	2	
1.6.5	一次气组件		套	6	
1.6.6	三次气组件		套	6	
1.6.7	助吹气组件		套	2	
2	管道部分				
2.1	输灰管道	150/200	套	1	
2.2	耐磨弯头及三通	150/200	套	1	
2.3	气管		套	1	
2.4	法兰等连接附件		套	1	
2.5	库顶切换阀	*DN*200	台	8	
3	控制部分				
3.1	控制系统改造		套	1	含软件
3.2	仓泵就地箱	600×550×310	面	32	
3.3	料位开关	射频导纳	台	8	一电场仓泵
3.4	压力变送器	0 ~ 1 MPa	台	6	
3.5	压力表	0 ~ 1 MPa	台	6	
3.6	隔膜压力表	0 ~ 1 MPa	台	6	

（2）利用现有引风机。电除尘器改造成电袋除尘器，带来了锅炉烟气系统压力增大，这就需要引风机有足够的压头来克服压力。电袋除尘器的保证运行压差在1200 Pa范围内，相对于电除尘器的运行压差300 Pa，提高了900 Pa的压头，这个额外增加的压头就需要提高引风机的工作压头来抵消。目前，华能营口电厂已于2013年先后进行3号、4号炉烟气脱硝及引风机改造，由风机原供货厂家——上海鼓风机厂进行改造与供货，本工程如采用电袋方案，由于增加了1000 Pa压力，因而需要对引风机进行分

析，确认是否需要进行增容改造。根据脱硝改造方案，在进行脱硝改造前，满负荷引风机入口最大压力可达-4000 Pa；根据西安院报告结果，考虑脱硝1100 Pa压力后，引风机设计压升应为5770 Pa（脱硝改造原设计压升为4670 Pa），根据电厂与上海鼓风机厂的协议，脱硝改造后，引风机实际设计压升为7410 Pa。如考虑电袋改造，需增加900 Pa压力，根据西安院报告结果，计算后得知满负荷下引风机压升需要达到6000 Pa，因而，按照上海鼓风机厂实际设计压升7410 Pa考虑，即使进行电袋除尘器改造，引风机也无需进行增容改造。电袋改造后，由于电袋方案导致引风机改造后运行电耗增加了537千瓦/台，电机实际电耗为3580 kW，因而引风机电机也无需改造（目前引风机电机功率为4400 kW）。

4.4.3 除尘器本体修复与电控系统改造（方案三）

4.4.3.1 工程概要

华能营口电厂二期2×600 MW机组每台机组均配套2台电除尘器及石灰石-石膏湿法脱硫系统。每台电除尘器为4电场，共8台硅整流变压器，规格型号为1.8 A/72 kV。

4.4.3.2 三相电源技术概述

三相电源是采用三相380 V交流输入，通过3路6只可控硅反并联调压，经三相变压器升压整流，可实现恒流和恒压供电。三相电源的主电路及主要业绩点见图4.2。目前，单台电源最大功率为84 kV，2.2 A。从电除尘器一电场的分级效率实验结果来看，每个电场三相电源比单相电源可提高5%～10%的除尘效率，实现对细颗粒物的排放控制。

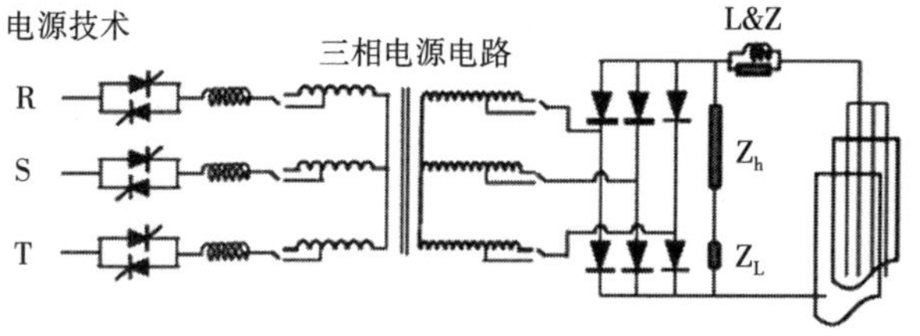

- 2003年12月启动研发
- 2005年首次在125 MW机组上开展工业示范研究
- 2006年首次在300 MW机组应用
- 2007年首次在600 MW机组应用
- 2009年首次电袋分级效率研究
- 2010年首次在300 MW机组全三相工业应用
- 2010年国家标准（未公布）
- 2013年华能北京热电4×220 MW改造应用

72 kV&1.2～2.2 A

320 MW：82～86 kV&1.2 A
350 MW：82～86 kV&1.6 A
600 MW：82～86 kV&2.2 A

图4.2 三相电源的主电路及主要业绩

同常规单相电源相比，三相电源具有以下优势。

① 输入供电平衡、输出的直流电压电流平稳、波动小，具有供电安全的特点。

② 在相同二次电流下，施加到除尘器上的电压高；另外，在相同的二次电压下，可有效地降低二次电流。

③ 电源能够增大电流电压工作区域和电晕放电功率，提高电除尘器的工况适应性。集成三相电源与先进的智能控制原理，才有可能实现在达到最高除尘效率的条件下，有效节能。针对不同的煤种和不同的电除尘器电场，采用不同的电源技术和控制原理，才有可能充分发挥电除尘的除尘优势。

三相电源与高频电源技术参数对比表见表4.26。

表4.26 电除尘电源比较表

项目		ZH2013三相电源	高频电源
供电		三相平衡	因滤波电容比较小，实际运行时三相不平衡
平均电压/峰值电压		86 kV/88 kV	72 kV/72 kV
最大功率		86 kV，2.2 A	72 kV，1.2 A
电压纹波系数（满负荷下）		2% ~ 5%	<1%
电压纹波系数（限流、间歇）		2% ~ 5%	
运行平均电场强度（实测）		3.0 ~ 3.9 kV/cm	
电源利用效率		90%	90%
主要供电方式	低比电阻	火花/恒压/恒流/最低排放	火花/恒压/恒流/脉冲
	高比电阻	最低排放	间隙/脉冲
对本体机构的敏感度		小	大
对粉尘浓度的敏感度		小	大
最佳使用电场及电压等级	一电场	86 kV，2.0 A	72 kV不适应
	中间电场	82 kV，1.2 A	72 kV不适应
	末电场	72 kV，0.8 A	72 kV，0.8 A
各电场除尘效率	一电场	95%	
	中间电场	85%	
	末电场	80%	
电除尘系统控制		各高压电源独立控制运行，在电除尘指数最大化下，实现系统优化	高压电源只能独立控制运行

表4.26（续）

项目	ZH2013三相电源	高频电源
国内应用工程	125～600 MW	125～600 MW
成本比较	1	3～5
结论	是目前唯一可实现低排放的电源技术	因电除尘需要配82 kV和2.2 A的高压电源，目前的高频电源技术不适应

4.4.3.3　改造方案

改造总则是针对华能营口电厂600 MW机组，高频电源达不到82 kV和2.2 A的单台电源供电。另外，这次改造的电源必须有两个特点。一是在一电场实现有效的强荷电，通过改善放电的均匀性，提高一电场的收集效率，对400 mm间距的电除尘器，将常规的单相72 kV可控硅电源改为三相82 kV可控硅电源。二是在末电场实现有效的弱放电，通过改善放电的均匀性和优化振打，控制反电晕放电和提高收集效率，如对400 mm间距的电除尘器可采用80 kV的三相电源，其工作原理是在同样运行电压下，降低15%～20%的放电电流，从而达到对反电晕的有效控制。

电源控制器必须能根据电厂工况的变化、灰尘的特性变化来自动调整控制模式、优化工作电压和电流，实现在保证电除尘器达到最高除尘效率的条件下，有效地节能。同常规的单相电源相比，一电场采用三相电源可有效地实现减排，这不仅与电源电路相关，而且在很大程度上依赖所采用的控制原理，国内82 kV和2.2 A的三相电源已在600 MW燃煤机组上得到应用，并取得了较好的效果。

具体改造内容如下。

① 电除尘器本体一电场改造是将电除尘器的一电场前后分成2个区供电，将阴极线分成前后2组，采用2台电源供电，同时增加1套振打系统。

② 本体改造后，原四电场除尘器变为五电场，目前的4×4台单相72 kV和1.8 A的高压电源改造为20台ZH2013T三相电源，具体见表4.27。

表4.27　电源改造情况一览表

改造前	单相高压电源	改造后	三相高压电源
一电场	4×72 kV，1.8 A	一电场	4×82 kV，1.6 A
		二电场	4×82 kV，1.6 A
二电场	4×72 kV，1.8 A	三电场	4×82 kV，2.2 A
三电场	4×72 kV，1.8 A	四电场	4×82 kV，2.2 A
四电场	4×72 kV，1.8 A	五电场	4×80 kV，1.8 A

③ 保留原16台高压隔离开关，增加4台高压开关。

④ 采用4台低压控制柜更换原低压柜，实现高低压集中控制。

⑤ 增加1台上位机，采用电除尘最大指数控制实现最大排放下节能。

⑥ 更换原16条高压柜与变压器之间的两相动力电缆为20条三相动力缆（如旧电缆可用，考虑利旧）。

⑦ 保留原16台电源的电流电压等测试信号缆，新增4台电源的信号测试缆。

⑧ 增大原一电场的除灰能力，一电场输灰按照总灰量的150%改造扩容，仓泵更新，容积按照2 m^3考虑，仓泵配套阀门更新，保证改造后原一电场的收尘量在总收尘量的99%左右下不堵。

4.4.3.4　改造设备清单及价格

本工程采用三相电源进行改造后，电控系统设备改造清单及费用见表4.28所示。

表4.28　电控系统改造设备清单及价格表（单台炉）

序号	名称	规格	数量	单价/元	总价/万元
1	电控系统				
1.1	ZH2013T 三相高压控制柜	80 kV，1.8 A	4	7	28
		82 kV，1.6 A	8	7	56
		82 kV，2.2 A	8	8	64
1.2	ZH2013T 三相变压器	80 kV，1.8 A	8	8.5	68
		82 kV，1.6 A	8	8	64
		82 kV，2.2 A	8	9	72
1.3	低压控制柜	ZH2013L	4	12	48
1.4	上位机	ZH2013C	1	15	15
1.5	动力电缆		估列	150	45
1.6	高压隔离开关		4	0.5	2
1.7	信号电缆		估列		20
1.8	运费及安装调试		估列		50
小计					532
2	除尘器本体修复				
2.1	本体修复		2	50	100
小计					100

表 4.28（续）

序号	名称	规格	数量	单价/元	总价/万元
3	输灰系统改造				
3.1	仓泵及管路改造		2	40	80
小计					80
总计					712

4.4.3.5 改造工期

采用三相电源技术进行改造，工程改造工期约为50 d，设备生产周期约为2.5个月（从合同签署日开始）。

4.4.3.6 改造预期效果分析

由于三相电源技术在火电厂应用较少，缺乏足够的支撑材料，仅了解改造效果可将烟尘排放浓度减低至满足国家环保排放标准要求的程度。

4.4.3.7 其他需要说明的问题

本改造不涉及土建工作内容。控制部分不做大的设备变动。本方案不会牵扯引风机改造。

4.5 电气部分

4.5.1 电气系统改造

电厂每台机组配置4台除尘变压器（435，436，437，438，445，446，447，448 T），分别作为2台炉除尘器的工作电源，每台除尘变各带一段除尘段，两段母线之间装有母联开关，除尘变压器的容量均为2000 kVA。电气接线图见图4.3。

采用不同方案进行除尘器改造后，电负荷增加情况（单台炉）如下。

采用除尘器增容（方案一）改造后，实际运行电负荷为2629.2 kW，电负荷较改造前增加了349.6 kW，现有除尘变压器能够满足改造要求。

采用电袋方案（方案二）改造后，实际运行电负荷为1104 kW，电负荷较改造前减少了1175.6 kW，考虑引风机阻力提高出力增加的功率为1074 kW，本次改造后，总电负荷减少了101.6 kW，因而现有除尘变压器能够满足改造要求。

采用电控系统改造（方案三）改造后，实际运行电负荷为3326.8 kW，电负荷较改造前增加了1047.2 kW，现有除尘变压器能够满足改造要求。

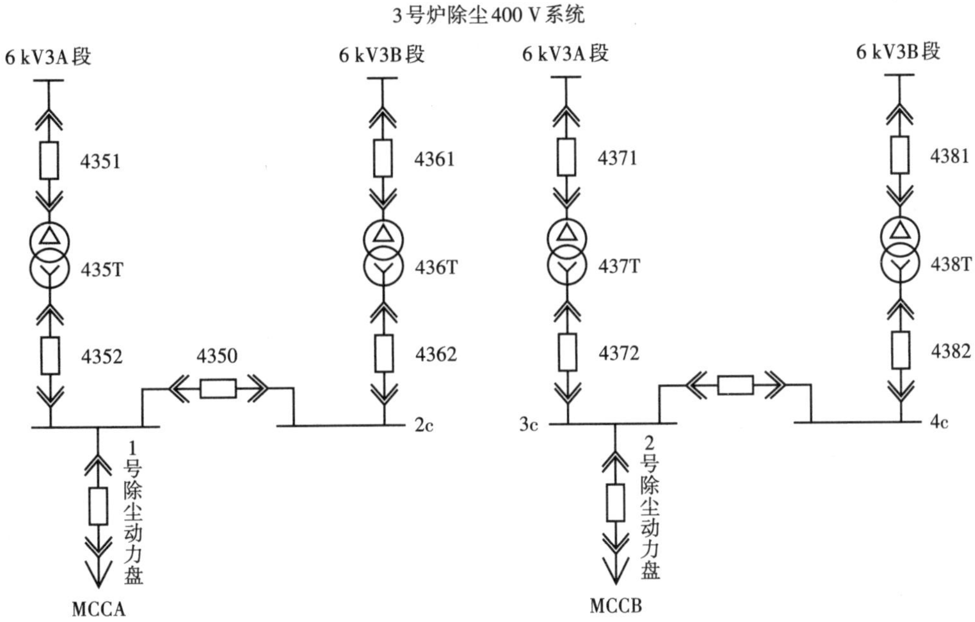

图4.3　除尘器400 V接线图

4.5.2　电气接线

电除尘区高压整流设备及高压控制柜整体更换为高频电源（数量视不同方案的要求确定）。

电气接线采用单母线。

在方案一与方案二中，新增电场所需电源与空压机电源均可利用原有电除尘器0.4 kV PC段。

4.5.3　电缆设施及相关

从配电间至电除尘器本体均采用电缆桥架，电缆从电缆夹层引出电控室至除尘器本体。

所有电气设施的接地均与电厂原接地网连接，控制室计算机系统采用独立接地装置。

电缆竖井及夹层出口处及屏下孔洞等，均采用电缆防火设施。

4.6　控制部分

4.6.1　控制方案

采用方案一，电气控制利用原有电除尘器，仅进行补充。

采用方案二，电除尘器部分、布袋装置和气力除灰系统均采用PLC。该系统包括高、低压控制设备，集中智能管理器，上位计算机等，具有现场数据采集及自动控制功能。

利用原有PLC控制柜，对相关模件进行重新组态，设计进出口温度检测、除尘器差压检测、烟道压力检测、清灰系统压力检测、滤袋脉冲阀控制（定时、定时+定压）、袋区温度报警及旁路阀联锁自动控制。

除尘器设置可靠的旁路系统，在烟气温度不能有效降低时，开启旁路系统，使高温烟气直接由旁路系统流出除尘器，以保证滤布的安全。此系统的控制纳入电袋除尘器控制系统内。

除尘器出口利旧原有浊度计，信号接入电袋除尘器PLC控制系统。

4.6.2 控制间的布置

本次改造工程利用原电除尘器母线室。除尘器的高压控制柜、PLC可编程低压控制柜、除尘器备用电源开关柜、安全联锁箱、上位机柜、除尘变压器的控制保护屏等均布置在除尘母线室内。

4.7 环境保护

将电厂两台600 MW机组原有的实际运行效率为99.39%的静电除尘器提效为99.863%后，改造前后锅炉的烟尘排放情况见表4.29。

表4.29 除尘器改造前后烟尘排放情况（单台炉）

序号	项目	单位	除尘器改造前	除尘器改造后	改造前后增减量
1	进口烟尘浓度	g/Nm³	29.1	29.1	0
2	除尘效率	%	99.390	99.863	0.473
3	烟尘排放浓度	mg/Nm³	105	40	−65
4	烟气量	Nm³/ h	1619000	1619000	0
5	烟尘小时排放量	kg/h	170	65	−105
6	烟尘年排放量	t/a	850	325	−525

说明：锅炉年利用小时数按照5000 h计算。

由表4.29可知，电除尘器改造后，除尘器出口烟尘排放浓度低于40 mg/Nm³，经湿法脱硫系统后，烟尘排放浓度可以满足环保标准要求，改造后烟尘排放量有显著的减少；改造前两台炉烟尘年排放量为1700 t，改造后两台锅炉烟尘年排放量为650 t，每年可减少烟尘排放量约为1050 t。除尘器改造后可以很好地改善电厂周围的大气环境，有利于对全厂污染物排放总量的控制。

4.8　工程改造投资概算与经济效益分析

4.8.1　改造投资概算

4.8.1.1　工程规模

本工程为2×600 MW机组电除尘器增效改造工程，根据工程需求，拟订三个不同方案，各方案投资概算如下。

（1）采用电除尘器增容方案（方案一）。工程静态投资为3822万元，单位投资为32元/千瓦，建设期贷款利息为104万元；工程动态投资为3926万元，单位投资为33元/千瓦。工程静态投资中，建筑工程费为282万元，占静态投资的7.37%；设备购置费为2557万元，占静态投资的66.90%；安装工程费为642万元，占静态投资的16.81%；其他费用为341万元，占静态投资的8.92%。

（2）采用电袋复合除尘器改造方案（方案二）。工程静态投资为6522万元，单位投资为54元/千瓦，建设期贷款利息为177万元；工程动态投资为6700万元，单位投资为56元/千瓦。工程静态投资中，建筑工程费为113万元，占静态投资的1.73%；设备购置费为5419万元，占静态投资的83.09%；安装工程费为542万元，占静态投资的8.31%；其他费用为448万元，占静态投资的6.87%。

（3）采用电控系统改造方案（方案三）。工程静态投资为1635万元，单位投资为14元/千瓦，建设期贷款利息为44万元；工程动态投资为1680万元，单位投资为14元/千瓦。工程静态投资中，设备购置费为1109万元，占静态投资的67.83%；安装工程费为293万元，占静态投资的17.92%；其他费用为233万元，占静态投资的14.25%。

4.8.1.2　主要设备价格表

本期工程主要费用构成表见表4.30。

表4.30　主要费用构成表　　单位：万元

序号	项目	单位	方案一（增容）	方案二（电袋）	方案三（电控）
1	工程本体		3481	6074	1403
1.1	工艺部分	套	2555	5256	364
1.1.1	原电除尘器设备修复	套	200	105	200

表4.30（续）

序号	项目	单位	方案一（增容）	方案二（电袋）	方案三（电控）
1.1.2	增容一个电场	套	1565	0	0
1.1.3	布袋区设备	套	0	4363	0
1.1.4	气力输灰系统	套	790	700	164
1.1.5	其他设备材料	套	0	88	0
1.2	土建部分	套	223	89	0
1.3	电气系统	套	511	517	838
1.4	热控系统	套	83	146	178
1.5	编制年价差		109	66	23
2	其他费用		341	448	233
总投资			3822	6522	1636

注：以上价格均含建安费。

4.8.2 经济效益分析

① 机组年利用时间按照5000 h计。

② 年运行维护材料及人工费均按照设备费用的0.5%计算。

③ 耗品价格：电（0.42元/千瓦）、滤袋（750元/条）、袋笼（65元/根）。

④ 滤袋数目为11472个/炉，每三年更换一次滤袋，每六年更换一次袋笼。

⑤ 年减少粉尘排放525吨/炉，烟尘排污按照0.6元/当量计算，烟尘排污缴费按照0.275元/千克计。

⑥ 改造后每台引风机运行电耗增加了537 kW，空压机及冷冻干燥机功率增加了200 kW。

⑦ 资产折旧按照折旧年限为15年、残值率为5%，采用直线折旧法计算。

⑧ 2012年7月6日开始，国内5年以上贷款年利率为6.55%。

除尘器运行成本包括固定的运行与维护费用、主设备更换费用及电耗等，改造后单台炉除尘器年增加运行费用表见表4.31。

表4.31　改造后除尘器年增加运行费用表（单台炉）　　单位：万元

<table>
<tr><th>序号</th><th>能耗</th><th>项目</th><th>方案一（增容）</th><th>方案二（电袋）</th><th>方案三（电控）</th></tr>
<tr><td rowspan="4">1</td><td rowspan="4">电耗</td><td>引风机增加的电耗</td><td>0</td><td>226</td><td>0</td></tr>
<tr><td>空压机及配套设备增加的电耗</td><td>0</td><td>42</td><td>0</td></tr>
<tr><td>除尘器本体改造增加的电耗</td><td>74</td><td>−247</td><td>220</td></tr>
<tr><td>合计</td><td>74</td><td>21</td><td>220</td></tr>
<tr><td rowspan="3">2</td><td rowspan="3">固定运行维护费用</td><td>维护材料及人工费（初投资的1%）</td><td>19</td><td>33</td><td>8</td></tr>
<tr><td>年维护费变化</td><td>18</td><td>30</td><td>6</td></tr>
<tr><td>合计</td><td>37</td><td>63</td><td>14</td></tr>
<tr><td rowspan="3">3</td><td rowspan="3">主要设备更换费用</td><td>每三年更换一次滤袋（均摊到每年）</td><td>0</td><td>287</td><td>0</td></tr>
<tr><td>每六年更换一次袋笼（均摊到每年）</td><td>0</td><td>12</td><td>0</td></tr>
<tr><td>合计</td><td>0</td><td>299</td><td>0</td></tr>
<tr><td colspan="3">总计</td><td>111</td><td>383</td><td>234</td></tr>
</table>

电除尘器改造工程的经营成本包括运行与维护费用、设备折旧、贷款利息。单台炉除尘器经营成本分析见表4.32。

表4.32　经营成本分析（单台炉）

<table>
<tr><th>序号</th><th>项目</th><th>单位</th><th>方案一（增容）</th><th>方案二（电袋）</th><th>方案三（电控）</th></tr>
<tr><td rowspan="4">1</td><td>运行费用</td><td>万元/年</td><td>111</td><td>383</td><td>234</td></tr>
<tr><td>折旧费</td><td>万元/年</td><td>121</td><td>207</td><td>52</td></tr>
<tr><td>每年还款利息</td><td>万元/年</td><td>56</td><td>95</td><td>24</td></tr>
<tr><td>总经营成本</td><td>万元/年</td><td>288</td><td>685</td><td>310</td></tr>
<tr><td rowspan="2">2</td><td>粉尘减排量</td><td>吨/年</td><td>525</td><td>525</td><td>525</td></tr>
<tr><td>减少排污费</td><td>万元/年</td><td>15</td><td>15</td><td>15</td></tr>
<tr><td>3</td><td>扣除排污费后的经营成本</td><td>万元/年</td><td>273</td><td>670</td><td>295</td></tr>
<tr><td>4</td><td>粉尘减排成本</td><td>元/千克</td><td>5.2000</td><td>12.7619</td><td>5.6190</td></tr>
<tr><td>5</td><td>发电成本增加</td><td>元/千瓦</td><td>0.00091</td><td>0.00223</td><td>0.00098</td></tr>
</table>

通过项目实施，每年粉尘排放将减少1050 t，每年减少排污费30万元。去除少缴的排污费后，发电成本变量如下。

电除尘器增容改造方案（方案一）年经营成本为546万元，粉尘减排成本为5.2000元/千克，发电成本增加为0.00091元/千瓦。

电袋除尘器改造方案（方案二）年经营成本为1340万元，粉尘减排成本为12.7619元/千克，发电成本增加为0.00223元/千瓦。

电控系统改造方案（方案三）年经营成本为590万元，粉尘减排成本为5.6190元/kg，发电成本增加为0.00098元/千克。

4.9 改造方案比较

4.9.1 技术比较

本项目可行的改造方式有三种：① 电除尘器增容（方案一）。② 电袋复合式除尘器（方案二）。③ 除尘器本体修复+电控系统（方案三）。采用本项目中的三种方案进行除尘器改造后，技术参数对比结果见表4.33。

表4.33 除尘器改造后，三种方案的技术参数对比（单台炉）

序号	名称	单位	电除尘器增容+电控系统改造（方案一）	电袋复合除尘器（方案二）	本体及电控系统改造（方案三）
1	主要技术指标				
1.1	烟气量	m^3/h	1477000×2	1477000×2	1477000×2
1.2	烟气温度	℃	150	150	150
1.3	入口烟尘浓度	g/Nm^3	29.1	29.1	29.1
1.4	烟尘排放浓度（α=1.4）	mg/Nm^3	<40	<40	
1.5	总除尘效率	%	99.863	99.863	
2	主要技术参数				
2.1	电场截面积	m^2	456×2	456×2	456×2
2.2	总有效面积	m^2	45144×2	18720×2	36480×2
2.3	比集尘面积	$m^2/(m^3\cdot s^{-1})$	110.03	26.7×2	88.92
2.4	室数/电场数	个	2/5	2/1	2/5
2.5	驱进速度	cm/s	5.73	5.73	5.73

表4.33（续）

序号	名称	单位	电除尘器增容+电控系统改造（方案一）	电袋复合除尘器（方案二）	本体及电控系统改造（方案三）
2.6	烟气流速	m/s	0.912	0.912	0.912
2.7	过滤风速	m/min		1.1	
2.8	总过滤面积	m^2		24950×2	
2.9	滤料名称			PPS+PTFE基布	
2.10	滤袋使用寿命	年		≈3	
2.11	清灰类型			低压脉冲行喷吹	
2.12	清灰压力	MPa		0.2 ~ 0.3	
2.13	清灰周期	min		40	
2.14	耗气量	m^3/min		25	
2.15	脉冲阀规格			进口3英寸淹没式	
2.16	除尘器灰斗数量		40	32	32
2.17	电控设备		8台高频电源+12台整流变压器（利旧）	8台高频电源	20台三相电源
2.18	除尘器压力均值	Pa	245	1000	245
2.19	除尘器漏风率	%	≤3	≤3	≤3
3	其他方面比较				
3.1	排放稳定性		较稳定，但受煤种影响较大	长期高效稳定，适应各种煤种	不稳定，受煤种影响大
3.2	运行维护		简单	简单	简单
3.3	改造范围		改造气力输灰系统；新增柱、基础、烟道支架	增加空压机系统；本体柱距、支架及土建不动	电源、高压控制柜更换，改造范围小
3.4	改造工期	d	约为60	约为60	约为50

4.9.2 经济性比较

4.9.2.1 除尘器运行功率比较

除尘器按照三种方案改造后，运行功率对比见表4.34。

表4.34 改造后除尘器（单台炉）运行功率比较

序号	名称	单位	方案一（增容）	方案二（电袋）	方案三（电控）	原除尘器
1	电控设备（整流变压器使用系数按照0.7，高频按照0.9）	kW	2371.2	816	3068.8	2073.6
2	除尘器改造增加的引风机运行功率	kW	0	1074	0	0
3	绝缘子电加热（使用系数按照0.7）	kW	150	30	150	120
4	阴、阳极振打	kW	48	10	48	38
5	灰斗电加热（使用系数按照0.6）	kW	60	48	60	48
6	空压机及配套功率	kW	0	200	0	0
	合计	kW	2629.2	2178	3326.8	2279.6

由表4.34可知，采用电袋复合除尘器（方案二）改造后，系统功耗最低，为2178 kW（去掉引风机功耗增加，改造后除尘器运行功耗为1104 kW）；采用电控系统改造（方案三）运行功耗最高，实际为3326.8 kW；采用电除尘器增容（方案一）运行功率为2629.2 kW。

4.9.2.2 运行费用增加量比较

除尘器按照三种方案改造后的运行费用对比见表4.35。

表4.35 除尘器（单台炉）年运行费用增加量比较

序号	内容	单位	方案一（增容）	方案二（电袋）	方案三（电控）
1	运行电耗费用增加	万元	73.4	−21.3	220
2	检修维护费用增加	万元	18	30	6
3	滤袋平均年更换费用	万元	0	286.8	0
4	袋笼平均年更换费用	万元	0	12.4	0
5	合计	万元	91.4	307.9	226

注：机组年运行按照5000 h，电费按照0.42元/度，电袋滤袋寿命按照3年，袋笼寿命按照6年计。

表4.35说明，采用电除尘器增容（方案一）后，电除尘器运行年增加费用最少，仅为91.4万元；采用电袋复合除尘器（方案二）费用增加最多，为307.9万元；采用电控系统改造（方案三）年运行费用也达到226万元。

4.9.3 方案推荐

方案一——电除尘器增容（含高频）。本工程采用电除尘器增容，优点是压力增加较小，不影响风机出力；缺点是增加土建烟道支架及相应的除灰设备，煤种适应性较差，煤种一旦变差，除尘效率很难得到保证。此外，占地面积也较大。

方案二——电袋复合除尘器。采用电袋除尘器，主要优点是在任何煤种下均能够稳定保证烟尘排放浓度低于30 mg/m^3，甚至低于20 mg/m^3，不存在技术与政策风险；缺点是一次性投资较大，增加了烟气压力，会对引风机造成影响，并需要增加空压机，改动范围较大，检修维护工作量也较大。

方案三——电控系统（三相电源）。优点在于不增加阻力，不涉及除尘器本体及其他设备、基础的改造，投资小且节能；缺点是受煤种影响较大，排放稳定性不高。

以上几种方案各有所长。改造所能达到的技术指标、改造一次性投资、改造复杂程度进行方案优选如下。① 达标排放稳定性由好到差排序为电袋除尘器>增容（含高频）>电控。② 一次性投资由低到高排序为电控>增容（含高频）>电袋除尘器（见最终概算）。③ 改造后运行费用由低到高排序为增容（含高频）>电控>电袋除尘器（见表4.35）。

从推荐方案比较分析发现，电袋方案不仅一次性投资很高，而且年运行费用也过高，在其他方案可满足达标排放的基础上，不推荐优先采用电袋方案。

电除尘器增容方案，相比较于电控系统改造方案，投资分别为1911万元/炉、818万元/炉（见概算），年运行费用增加分别为91.4万元/炉、226万元/炉（见表4.35），增容与电控系统改造方案每年运行费用相差134.6万元，一次性投资相差1093万元。电除尘器改造并运行8年后，增容方案经济性优于电控改造方案。考虑到增容方案在达标排放稳定性上优于电控改造方案，故本工程推荐采用电除尘器增容改造技术方案。

附 录

附录1

案例1 方案一安装工程估算表

序号	工程或费用名称	设备购置费/元	安装工程费/元				合计/元	技术经济指标		
			装置性材料费	安装费	其中：人工费	小计		单位	数量	指标
一	主辅生产工程	6713910	484495	1313326	273303	1797821	8511731			
(一)	除尘器扩容	6713910	484495	1313326	273303	1797821	8511731	万元/吨	320	2.66
1	工艺系统	4930630	380520	1238950	244315	1619470	6550100	万元/吨	320	2.05
1.1	阳极板	1781250	0	920000	108000	920000	2701250			
1.2	阴极线	309380	0	64000	12800	64000	373380			
1.3	阴极框架	400000	0	27200	6500	27200	427200			
1.4	振打	400000	0	40100	28800	40100	440100			
1.5	壳体	330000	0	36960	13824	36960	366960			
1.6	除尘器框架	900000	0	35520	12480	35520	935520			
1.7	钢架	300000	0	74400	38400	74400	374400			
1.8	楼梯	0	261000	12000	4500	273000	273000			

1.9	电场支撑、滑动轴承	435000	0	7440	3336	7440	442440			
1.10	保温油漆	0	119520	10080	10080	129600	129600			
1.11	输灰系统改造	75000	0	11250	5595	11250	86250			
2	电气系统	1600000	76575	54588	18180	131163	1731163	万元/吨	320	0.54
2.1	高频电源供电系统	1600000	0	0	0	0	1600000			
2.2	电缆及其构筑物	0	42420	20178	8700	62598	62598			
2.3	区域照明	0	26280	20810	5800	47090	47090			
2.4	接地	0	7875	13600	3680	21475	21475			
3	热控系统	183280	27400	19788	10808	47188	230468	万元/吨	320	0.07
3.1	热工配电系统	21000	0	5088	1280	5088	26088			
3.2	仪表及卡件	162280	19840	10200	7440	30040	192320			
3.3	电缆及其他材料	0	7560	4500	2088	12060	12060			
（二）	变压器系统	0	0	0	0	0	0	万元/吨	320	0.00
1	厂用变压器系统	0	0	0	0	0	0			
2	除尘变压器系统	0	0	0	0	0	0			
2.1	除尘变压器	0	0	0	0	0	0			
2.2	除尘配电柜	0	0	0	0	0	0			
2.3	低压电缆及其他材料	0	0	0	0	0	0			
合计		6713910	484495	1313326	273303	1797821	8511731			

附录2

案例1　方案二安装工程估算表

序号	工程或费用名称	设备购置费/元	安装工程费/元				合计/元	技术经济指标		
			装置性材料	安装费	其中：人工费	小计		单位	数量	指标
一	主辅生产工程	1983440	38288	207294	129090	245582	2229022			
（一）	除尘系统改造	1983440	38288	207294	129090	245582	2229022	万元/吨	320	0.70
1	工艺系统	1853440	0	180000	120000	180000	2033440	万元/吨	320	0.63
1.1	湿式除尘器本体	1760000	0	180000	120000	180000	1940000			
1.2	浮球开关	2400	0	0	0	0	2400			
1.3	管道泵	34740	0	0	0	0	34740			
1.4	补水箱	36000	0	0	0	0	36000			
1.5	浮球阀	6000	0	0	0	0	6000			
1.6	钢管	14300	0	0	0	0	14300			

2	电气系统	0	38288	27294	9090	65582	65582	万元/吨	320	0.02
2.1	除尘变压器及配件		0	0	0	0	0			
2.2	电缆及其构筑物	0	21210	10089	4350	31299	31299			
2.3	区域照明	0	13140	10405	2900	23545	23545			
2.4	接地	0	3938	6800	1840	10738	10738			
3	热控系统	130000	0	0	0	0	130000	万元/吨	320	0.04
（二）	引风机改造	0	0	0	0	0	0	万元/吨	320	0.00
1	引风机本体改造	0	0	0	0	0	0			
2	变频器	0	0	0	0	0	0			
3	烟道加固	0	0	0	0	0	0			
4	风机及电机基础	0	0	0	0	0	0			
合计		1983440	38288	207294	129090	245582	2229022			

附录3

案例1　方案三安装工程估算表

序号	工程或费用名称	设备购置费/元	安装工程费/元				合计/元	技术经济指标		
			装置性材料	安装费	其中：人工费	小计		单位	数量	指标
一	主辅生产工程	8735186	46158	2977886	1063755	3024044	11759230			
（一）	除尘系统改造	8735186	46158	2977886	1063755	3024044	11759230	万元/吨	320	3.67
1	工艺系统	8469206	18758	2958098	1052947	2976856	11446062	万元/吨	321	3.57
1.1	布袋区设备	7841040	0	2880000	1024104	2880000	10721040			
1.2	气力输灰系统	75000	0	11250	5595	11250	86250			
1.3	其他设备及材料	28166	18758	6848	2180	25606	53772			
1.4	空气压缩机系统	525000	0	60000	21068	60000	585000			
2	电气系统	0	0	0	0	0	0	万元/吨	321	0.00
2.1	除尘变压器及配件	0	0	0	0	0	0			

2.2	电缆及其构筑物	0	0	0	0	0	0			
2.3	区域照明	0	0	0	0	0	0			
2.4	接地	0	0	0	0	0	0			
3	热控系统	265980	27400	19788	10808	47188	313168	万元/吨	321	0.10
3.1	热工配电系统	21000	0	5088	1280	5088	26088			
3.2	电缆及其他材料	162280	19840	10200	7440	30040	192320			
3.3	消防系统	82700	0	0	0	0	82700			
3.4	通信系统	0	7560	4500	2088	12060	12060			
	合计	0	0	0	0	0	0	万元/吨	321	0.00

附录4

案例1　方案四安装工程估算表

序号	工程或费用名称	设备购置费/元	安装工程费/元				合计/元	技术经济指标		
			装置性材料	安装费	其中：人工费	小计		单位	数量	指标
一	主辅生产工程	11538661	464966	3218480	1061403	3683446	15222107			
（一）	除尘系统改造	11538661	464966	3218480	1061403	3683446	15222107	万元/吨	320	4.76
1	工艺系统	10472681	399278	3171398	1041505	3570676	14043357	万元/吨	320	4.37
1.1	静电区本体	3485315	380520	713300	166265	1093820	4579135			
1.2	布袋区设备	6534200	0	2400000	853420	2400000	8934200			
1.3	气力输灰系统	75000	0	11250	5595	11250	86250			
1.4	其他设备及材料	28166	18758	6848	2180	25606	53772			
1.5	空气压缩机系统	350000	0	40000	14045	40000	390000			
2	电气系统	800000	38288	27294	9090	65582	865582	万元/吨	320	0.27

2.1	除尘变压器及配件	800000	0	0	0	0	800000			
2.2	电缆及其构筑物	0	21210	10089	4350	31299	31299			
2.3	区域照明	0	13140	10405	2900	23545	23545			
2.4	接地	0	3938	6800	1840	10738	10738			
3	热控系统	265980	27400	19788	10808	47188	313168	万元/吨	320	0.10
3.1	热工配电系统	21000	0	5088	1280	5088	26088			
3.2	电缆及其他材料	162280	19840	10200	7440	30040	192320			
3.3	消防系统	82700	0	0	0	0	82700			
3.4	通信系统	0	7560	4500	2088	12060	12060			
合计		11538661	464966	3218480	1061403	3683446	15222107			

附录5

案例2　方案一安装工程估算表

序号	工程或费用名称	设备购置费/元	安装工程费/元				合计/元	技术经济指标		
			装置性材料	安装费	其中：人工费	小计		单位	数量	指标
一	主辅生产工程	28860880	1684700	8621495	2016431	10306195	39167075			
（一）	除尘器扩容	28860880	1684700	8621495	2016431	10306195	39167075	元/千瓦	600000	65.28
1	工艺系统	23373580	1256000	8331650	1899926	9587650	32961230	元/千瓦	600000	54.94
1.1	阳极板	7823580	0	6320000	760620	6320000	14143580			
1.2	阴极线	1360000	0	429500	87815	429500	1789500			
1.3	阴极框架	1750000	0	188550	44700	188550	1938550			
1.4	顶部振打	1800000	0	275700	529500	275700	2075700			
1.5	壳体	1200000	0	211500	79315	211500	1411500			
1.6	除尘器框架	3200000	0	205500	72750	205500	3405500			
1.7	钢架加固	800000	0	422280	195000	422280	1222280			
1.8	楼梯	0	800000	57810	20778	857810	857810			
1.9	电场支撑、滑动轴承	1600000	0	42810	18938	42810	1642810			
1.10	保温油漆	0	456000	58000	58000	514000	514000			

1.11	输灰系统改造	3840000	0	120000	32510	120000	3960000			
2	电气系统	4800000	325950	215640	75975	541590	5341590	元/千瓦	600000	8.90
2.1	高频电源供电系统	4800000	0	0	0	0	4800000			
2.2	电缆及其构筑物	0	212100	100890	44475	312990	312990			
2.3	区域照明	0	87600	69375	19275	156975	156975			
2.4	接地	0	26250	45375	12225	71625	71625			
3	热控系统	687300	102750	74205	40530	176955	864255	元/千瓦	600000	1.44
3.1	热工配电系统	78750	0	19080	4800	19080	97830			
3.2	仪表及卡件	608550	74400	38250	27900	112650	721200			
3.3	电缆及其他材料	0	28350	16875	7830	45225	45225			
（二）	变压器系统	0	0	0	0	0	0	元/千瓦	600000	0.00
1	厂用变压器系统	0	0	0	0	0	0			
2	除尘变压器系统	0	0	0	0	0	0			
2.1	除尘变压器	0	0	0	0	0	0			
2.2	除尘配电柜	0	0	0	0	0	0			
2.3	低压电缆及其他材料	0	0	0	0	0	0			
合计		28860880	1684700	8621495	2016431	10306195	39167075			

附录6

案例2　方案三安装工程估算表

序号	工程或费用名称	设备购置费/元	安装工程费/元				合计/元	技术经济指标		
			装置性材料	安装费	其中：人工费	小计		单位	数量	指标
一	主辅生产工程	32825418	1948120	3701995	1348950	5650115	38475533			
（一）	除尘系统改造	32825418	1948120	3701995	1348950	5650115	38475533	元/千瓦	600000	64.13
1	工艺系统	31761360	1598512	3389437	1270404	4987949	36749309	元/千瓦	600000	61.25
1.1	原有电除尘器设备修复	0	1542240	416144	169532	1958384	1958384			
1.2	布袋区设备	26286860	0	2599343	977531	2599343	28886203			
1.2.1	滤袋	13023000	0	464850	278612	464850	13487850			
1.2.2	袋笼	1302500	0	352000	215380	352000	1654500			
1.2.3	脉冲阀	2200000	0	202109	141985	202109	2402109			
1.2.4	花板	1540000	0	835604	61204	835604	2375604			
1.2.5	钢结构件	6800000	0	370400	144290	370400	7170400			
1.2.6	阀门及配件	980000	0	237120	70460	237120	1217120			
1.2.7	其他附属设备	441360	0	137260	65600	137260	578620			
1.3	气力输灰系统	4340000	0	233406	74668	233406	4573406			

1.4	其他设备及材料	84500	56272	20544	6538	76816	161316			
1.5	空气压缩机系统	1050000	0	120000	42135	120000	1170000			
2	电气系统	0	240584	190006	49430	430590	430590	元/千瓦	600000	0.72
2.1	除尘变压器及配件	0	0	0	0	0	0			
2.2	电缆及其构筑物	0	138742	106276	27298	245018	245018			
2.3	区域照明	0	83000	57822	16064	140822	140822			
2.4	接地	0	18842	25908	6068	44750	44750			
3	热控系统	1064058	109024	122552	29116	231576	1295634	元/千瓦	600000	2.16
3.1	热工配电系统	657276	0	31584	7996	31584	688860			
3.2	电缆及其他材料	320000	101844	80556	17646	182400	502400			
3.3	消防系统	82700	0	0	0	0	82700			
3.4	通信系统	4082	7180	10412	3474	17592	21674			
（二）	引风机改造	0	0	0	0	0	0	元/千瓦	600000	0.00
1	引风机本体改造	0	0	0	0	0	0			
2	变频器	0	0	0	0	0	0			
3	烟道加固	0	0	0	0	0	0			
4	风机及电机基础	0	0	0	0	0	0			
合计		32825418	1948120	3701995	1348950	5650115	38475533			

附录7

案例2　方案四安装工程估算表

序号	工程或费用名称	设备购置费/元	安装工程费/元				合计/元	单位指标
			装置性材料	安装费	其中人工费	小计		元/千瓦
1	工艺部分	27798069	5114200	4634237	897484	9748437	37546507	62.58
2	电热系统	9673280	2557240	2057181	490613	4614421	14287701	23.81
3	干式电除尘器高频电源改造	3049644	712800	315734	53652	1028534	4078178	6.80
合计		40520993	8384240	7007151	1441749	15391391	55912385	93.19

附录8

案例3　方案一安装工程估算表

序号	工程或费用名称	设备购置费/元	安装工程费/元				合计/元	技术经济指标		
			装置性材料	安装费	其中：人工费	小计		单位	数量	指标
一	主辅生产工程	80714140	35166	8699244	4401692	8734410	89448550			
（一）	除尘系统改造	32914140	35166	4576584	2023517	4611750	37525890	元/千瓦	700000	53.61
1	工艺系统	27388940	0	4196873	1919461	4196873	31585813	元/千瓦	700000	45.12
1.1	一、二电场设备更新	7000000	0	1326940	394580	1326940	8326940			
1.1.1	阴极系统	2600000	0	460040	158520	460040	3060040			
1.1.2	阳极系统	3000000	0	590920	162960	590920	3590920			
1.1.3	阴极振打系统	600000	0	121900	23500	121900	721900			
1.1.4	阳极振打系统	800000	0	154080	49600	154080	954080			
1.2	布袋区设备	20388940	0	2869933	1524881	2869933	23258873			
1.2.1	滤袋	11930600	0	241136	151006	241136	12171736			
1.2.2	袋笼	912340	0	241136	151006	241136	1153476			

案例3（续）

序号	工程或费用名称	设备购置费/元	安装工程费/元				合计/元	技术经济指标		
			装置性材料	安装费	其中：人工费	小计		单位	数量	指标
1.2.3	脉冲阀	1222000	0	185601	130387	185601	1407601			
1.2.4	花板	848000	0	162724	73445	162724	1010724			
1.2.5	钢结构件	2260000	0	1174480	573148	1174480	3434480			
1.2.6	阀门及配件	996000	0	234544	84552	234544	1230544			
1.2.7	空压机	1000000	0	190000	48568	190000	1190000			
1.2.8	保温油漆	750000		275600	234050	275600	1025600			
1.2.9	其他附属设备	470000	0	164712	78720	164712	634712			
2	电气系统	3969600	26550	207007	59316	233557	4203157	元/千瓦	700000	6.00
2.1	高频电源及配件	3200000	0	0	0	0	3200000			
2.2	电缆及其构筑物	670000	0	127531	32758	127531	797531			
2.3	区域照明	99600	0	69386	19277	69386	168986			
2.4	接地	0	26550	10090	7282	36640	36640			

3	热控系统	1555600	8616	172703	44739	181319	1736919	元/千瓦	700000	2.48
3.1	热工配电系统	780000	0	37901	9595	37901	817901			
3.2	电缆及其他材料	460000	0	96667	21175	96667	556667			
3.3	就地仪表	65600	0	25641	9800	25641	91241			
3.4	上位机系统	250000	8616	12494	4169	21110	271110			
（二）	输灰系统改造	15800000	0	2122660	1188175	2122660	17922660			
1	灰斗改造	6000000	0	932360	612540	932360	6932360			
2	输灰系统设备改造	6950000	0	950300	450000	950300	7900300			
3	输灰空压机	2850000	0	240000	125635	240000	3090000			
（三）	引风机改造	32000000	0	2000000	1190000	2000000	34000000	元/千瓦	700000	47.14
1	引风机本体及电机改造	13600000	0	800000	500000	800000	14400000			
2	烟道加固	2000000	0	500000	220000	500000	2500000			
3	风机及电机基础	2400000	0	400000	320000	400000	2800000			
4	变频器改造及电缆增容	14000000	0	300000	150000	300000	14300000			
合计		80714140	35166	8699244	4401692	8734410	89448550			

附录9

案例3　方案二安装工程估算表

序号	工程或费用名称	设备购置费/元	安装工程费/元				合计/元	技术经济指标		
			装置性材料	安装费	其中：人工费	小计		单位	数量	指标
一	主辅生产工程	81209340	912610	10805043	6258198	12971253	94180593			
(一)	除尘系统改造	30009340	912610	6682383	3880023	8848593	38857933	元/千瓦	700000	55.51
1	工艺系统	26194140	870000	5652205	3446921	7775805	33969945	元/千瓦	700000	48.53
1.1	本体及保温拆除	0	0	1960000	1253600	3213600	3213600			
1.2	布袋区设备	26194140	870000	3692205	2193321	4562205	30756345			
1.2.1	滤袋	14820600	0	261540	151006	261540	15082140			
1.2.2	袋笼	1133340	0	261540	151006	261540	1394880			
1.2.3	脉冲阀	1008000	0	185601	80387	185601	1193601			
1.2.4	花板	1120000	0	142724	73445	142724	1262724			
1.2.5	新增本体	3720000	0	1420000	988500	1420000	5140000			
1.2.6	新增楼梯及平台	490000	0	210000	56000	210000	700000			

1.2.7	出气烟道	700000	0	374000	256100	374000	1074000			
1.2.8	人孔门、视窗、通气孔	42400	0	12000	9000	12000	54400			
1.2.9	挡板门	568000	0	40000	18960	40000	608000			
1.2.10	喷吹系统及附件	682000	0	119400	25680	119400	801400			
1.2.11	清灰管道及阀门	17800	0	3000	1600	3000	20800			
1.2.12	预喷涂系统	30000	0	4400	2300	4400	34400			
1.2.13	喷淋降温系统	72000	0	12000	5500	12000	84000			
1.2.14	保温油漆	0	870000	320000	275500	1190000	1190000			
1.2.15	除尘器顶部起吊装置	100000	0	26000	13000	26000	126000			
1.2.16	除尘器顶部遮雨棚	490000	0	110000	36770	110000	600000			
1.2.17	空压机	1200000	0	190000	48568	190000	1390000			
2	电气系统	1629600	42610	517637	234966	560247	2189847	元/千瓦	700000	3.13
2.1	配电柜及配电箱	580000	0	159630	85650	159630	739630			
2.2	电缆及其构筑物	950000	0	257531	122758	257531	1207531			
2.3	区域照明	99600	0	69386	19277	69386	168986			
2.4	接地	0	42610	31090	7282	73700	73700			
2.5	其他配件	368520	0	136950	58800	136950	505470			

案例3（续）

序号	工程或费用名称	设备购置费/元	安装工程费/元				合计/元	技术经济指标		
			装置性材料	安装费	其中：人工费	小计		单位	数量	指标
3	热控系统	2185600	0	512541	198136	512541	2698141	元/千瓦	700000	3.85
3.1	PLC控制柜	900000	0	187886	110056	187886	1087886			
3.2	电缆及其他材料	780000	0	135605	28960	135605	915605			
3.3	就地仪表	125600	0	68560	18960	68560	194160			
3.4	上位机系统	380000	0	120490	40160	120490	500490			
（二）	输灰系统改造	15800000	0	2122660	1188175	2122660	17922660			
1	灰斗改造	6000000	0	932360	612540	932360	6932360			
2	输灰系统设备改造	6950000	0	950300	450000	950300	7900300			
3	输灰空压机	2850000	0	240000	125635	240000	3090000			
（三）	引风机改造	35400000	0	2000000	1190000	2000000	37400000	元/千瓦	700000	52.00
1	引风机本体及电机改造	16600000	0	800000	500000	800000	17400000			
2	烟道加固	2000000	0	500000	220000	500000	2500000			
3	风机及电机基础	2400000	0	400000	320000	400000	2800000			
4	变频器改造及电缆增容	14400000	0	300000	150000	300000	14700000			
合计		81209340	912610	10805043	6258198	12971253	94180593			

附录10

案例3　方案三安装工程估算表

表三甲

序号	工程或费用名称	设备购置费/元	安装工程费/元				合计/元	技术经济指标		
			装置性材料	安装费	其中：人工费	小计		单位	数量	指标
一	主辅生产工程	37222782	724146	7559398	4484716	8283544	45506326			
（一）	除尘器本体及电控系统改造	37222782	724146	7559398	4484716	8283544	45506326	元/千瓦	700000	65.01
1	电除尘器本体改造	22926000	0	7075088	4287264	7075088	30001088			
1.1	阴极线	3600000	0	1020030	568520	1020030	4620030			
1.2	阳极板	8620000	0	1660920	1012960	1660920	10280920			
1.3	阴阳极框架	5800000	0	2102000	1306212	2102000	7902000			
1.4	振打装置	2400000	0	951224	575208	951224	3351224			
1.5	绝缘子、电加热器	600000	0	443054	312064	443054	1043054			
1.6	气流均布板	1656000	0	728880	409100	728880	2384880			
1.7	保温及外护板	250000	0	168980	103200	168980	418980			

案例3（续）

序号	工程或费用名称	设备购置费/元	安装工程费/元				合计/元	技术经济指标		
			装置性材料	安装费	其中：人工费	小计		单位	数量	指标
2	电气系统	14000000	596802	383698	165712	980500	14980500	元/千瓦	700000	21.40
2.1	高频电源供电系统	14000000	0	0	0	0	14000000			
2.2	电缆及其构筑物	0	477360	284076	137080	761436	761436			
2.3	区域照明	0	73000	57822	16064	130822	130822			
2.4	接地	0	46442	41800	12568	88242	88242			
3	热控系统	296782	127344	100612	31740	227956	524738	元/千瓦	700000	0.75
3.1	热工配电系统	210000	0	27200	9100	27200	237200			
3.2	电缆及其他材料	0	120164	63000	19166	183164	183164			
3.3	消防系统	82700	0	0	0	0	82700			
3.4	通信系统	4082	7180	10412	3474	17592	21674			
合计		37222782	724146	7559398	4484716	8283544	45506326			

附录11

案例3　方案四安装工程估算表

序号	工程或费用名称	设备购置费/元	安装工程费/元				合计/元	技术经济指标		
			装置性材料	安装费	其中：人工费	小计		单位	数量	指标
一	主辅生产工程	52093592	1776802	18004724	9050541	19781526	71875118			
(一)	除尘器及输灰系统改造	52093592	1776802	18004724	9050541	19781526	71875118	元/千瓦	700000	102.68
1	工艺系统	41163010	0	17062674	8538865	17062674	58225684	元/千瓦	700000	83.18
1.1	除尘器本体增容改造	39983010	0	12611788	6593385	12611788	52594798			
1.1.1	阴极线	5190000	0	1566980	968520	1566980	6756980			
1.1.2	阳极板	9569000	0	1985002	1123650	1985002	11554002			
1.1.3	阴阳极框架	8120000	0	2642016	1306212	2642016	10762016			
1.1.4	振打装置	3150000	0	1024521	556874	1024521	4174521			
1.1.5	绝缘子、电加热器	1012000	0	456870	302560	456870	1468870			
1.1.6	进出口喇叭及气流均布板	2262010	0	736080	409100	736080	2998090			

案例3（续）

序号	工程或费用名称	设备购置费/元	安装工程费/元				合计/元	技术经济指标		
			装置性材料	安装费	其中：人工费	小计		单位	数量	指标
1.1.7	新增壳体	2740000	0	425689	345480	425689	3165689			
1.1.8	新增平台扶梯	1160000	0	415200	156808	415200	1575200			
1.1.9	新增保温油漆	980000	0	306800	184250	306800	1286800			
1.1.10	新增灰斗	5800000	0	1452630	587680	1452630	7252630			
1.1.11	原电除尘器设备拆除	0	0	1600000	652251	1600000	1600000			
1.2	气力输灰（灰斗管路）改造	1180000	0	550886	365680	550886	1730886			
1.3	相关设备及管道移位改造费用	0	0	3900000	1579800	3900000	3900000			
2	电气系统	10340000	1212122	646598	381865	1858720	12198720	元/千瓦	700000	17.43
2.1	整流变压器	0	0	0	0	0	0			
2.2	高频电源	9600000	0	0	0	0	9600000			
2.3	高压柜改造	240000	0	89120	59060	89120	329120			

2.4	低压柜升级	200000	0	37320	10640	37320	237320			
2.5	上位机系统升级	300000	0	30460	12520	30460	330460			
2.6	电缆及其构筑物	0	1075680	405076	267080	1480756	1480756			
2.7	区域照明	0	85000	45822	17014	130822	130822			
2.8	接地	0	51442	38800	15551	90242	90242			
3	热控系统	590582	564680	295452	129811	860132	1450714	元/千瓦	700000	2.07
3.1	配电系统改造	485000	0	51500	23600	51500	536500			
3.2	电缆及其他材料	0	552500	230540	97646	783040	783040			
3.3	消防系统	85500	0	0	0	0	85500			
3.4	通信系统	20082	12180	13412	8565	25592	45674			
合计		52093592	1776802	18004724	9050541	19781526	71875118			

附录12

案例3　方案五安装工程估算表

序号	工程或费用名称	设备购置费/元	安装工程费/元				合计/元	技术经济指标		
			装置性材料	安装费	其中：人工费	小计		单位	数量	指标
一	主辅生产工程	43746100	2166563	10706531	5750351	12873094	56619194			
(一)	烟气余热利用装置	43746100	2166563	10706531	5750351	12873094	56619194	元/千瓦	700000	80.88
1	工艺系统	36484800	1157997	10027797	5462881	11185794	47670594	元/千瓦	700000	68.10
1.1	低低温省煤器系统	13558800	1157997	2952709	1175617	4110706	17669506			
1.1.1	低低温装置本体	9936000	0	1544486	507787	1544486	11480486			
1.1.2	钢架	0	686160	290528	126217	976688	976688			
1.1.3	升压泵及配套设备	230400	0	65617	31036	65617	296017			
1.1.4	吹灰器	605600	0	181380	108093	181380	786980			
1.1.5	阀门	1580000	0	207404	70274	207404	1787404			
1.1.6	进回水管	694800	0	273052	119340	273052	967852			
1.1.7	烟道及附件	512000	0	155234	87266	155234	667234			
1.1.8	保温油漆	0	471837	235008	125604	706845	706845			

1.2	电除尘器本体改造	22926000	0	7075088	4287264	7075088	30001088			
1.2.1	阴极线	3600000	0	1020030	568520	1020030	4620030			
1.2.2	阳极板	8620000	0	1660920	1012960	1660920	10280920			
1.2.3	阴阳极框架	5800000	0	2102000	1306212	2102000	7902000			
1.2.4	振打装置	2400000	0	951224	575208	951224	3351224			
1.2.5	绝缘子、电加热器	600000	0	443054	312064	443054	1043054			
1.2.6	气流均布板	1656000	0	728880	409100	728880	2384880			
1.2.7	保温及外护板	250000	0	168980	103200	168980	418980			
2	电气系统	6400000	751602	449706	193312	1201308	7601308	元/千瓦	700000	10.86
2.1	高频电源	6400000	0	0	0	0	6400000			
2.2	电缆及其构筑物	0	646760	364076	167080	1010836	1010836			
2.3	区域照明	0	73000	57822	16064	130822	130822			
2.4	接地	0	31842	27808	10168	59650	59650			
3	热控系统	861300	256964	229028	94158	485992	1347292	元/千瓦	700000	1.92
3.1	热工配电系统	450000	0	95444	26416	95444	545444			
3.2	仪表及卡件	411300	99120	51040	37300	150160	561460			
3.3	电缆及其他材料	0	157844	82544	30442	240388	240388			
	合计	43746100	2166563	10706531	5750351	12873094	56619194			

附录13

案例4　方案一安装工程估算表

序号	工程或费用名称	设备购置费/元	安装工程费/元				合计/元	技术经济指标		
			装置性材料	安装费	其中：人工费	小计		单位	数量	指标
一	主辅生产工程	25567582	1280772	4643306	2133181	5924078	31491660			
（一）	除尘器系统改造	25567582	1280772	4643306	2133181	5924078	31491660	元/千瓦	1200000	26.24
1	工艺系统	20360000	840000	4352266	2022021	5192266	25552266	元/千瓦	1200000	21.29
1.1	阴阳极系统	4000000	0	665000	364060	665000	4665000			
1.2	新增壳体及配套	3000000	0	564563	292640	564563	3564563			
1.3	新增灰斗	960000	0	545800	260410	545800	1505800			
1.4	出口烟箱（喇叭）	2800000	0	508240	345980	508240	3308240			
1.5	钢支架	800000	0	265235	125422	265235	1065235			
1.6	顶部起吊	100000	0	83524	38655	83524	183524			
1.7	平台扶梯	400000	0	237604	141204	237604	637604			

1.8	保温油漆	0	440000	282300	133650	722300	722300			
1.9	气力输灰系统改造	6900000	0	1000000	200000	1000000	7900000			
1.10	原有电除尘器设备修复	1400000	400000	200000	120000	600000	2000000			
2	电气系统	4560000	350592	200698	71640	551290	5111290	元/千瓦	1200000	4.26
2.1	高频电源供电系统	4560000	0	0	0	0	4560000			
2.2	电缆及其构筑物	0	226650	94076	40080	320726	320726			
2.3	区域照明	0	74500	59822	17060	134322	134322			
2.4	接地	0	49442	46800	14500	96242	96242			
3	热控系统	647582	90180	90342	39520	180522	828104	元/千瓦	1200000	0.69
3.1	热工配电系统	560000	0	48300	20300	48300	608300			
3.2	电缆及其他材料	0	82000	29630	15246	111630	111630			
3.3	消防系统	81500	0	0	0	0	81500			
3.4	通信系统	6082	8180	12412	3974	20592	26674			
合计		25567582	1280772	4643306	2133181	5924078	31491660			

附录14

案例4　方案二安装工程估算表

序号	工程或费用名称	设备购置费/元	安装工程费/元				合计/元	技术经济指标		
			装置性材料	安装费	其中：人工费	小计		单位	数量	指标
一	主辅生产工程	54193987	1323184	3674168	1802651	4997352	59191339			
（一）	除尘系统改造	54193987	1323184	3674168	1802651	4997352	59191339	元/千瓦	1200000	49.33
1	工艺系统	48517900	836272	3205331	1709547	4041603	52559503	元/千瓦	1200000	43.80
1.1	原有电除尘器设备修复	410000	380000	261825	120665	641825	1051825			
1.2	布袋区设备	41603400	0	2022962	1360186	2022962	43626362			
1.2.1	滤袋	17208000	0	475556	375515	475556	17683556			
1.2.2	袋笼	1491360	0	355158	243297	355158	1846518			
1.2.3	脉冲阀	3600000	0	188352	165433	188352	3788352			
1.2.4	空压机及配套	1640000	0	163320	42610	163320	1803320			
1.2.5	花板	1500000	0	203406	106806	203406	1703406			
1.2.6	钢结构件	13537000	0	270600	246435	270600	13807600			

1.2.7	阀门及配件	1950000	0	295680	150690	295680	2245680			
1.2.8	其他附属设备	677040	0	70890	29400	70890	747930			
1.3	气力输灰系统	6200000	0	800000	222158	800000	7000000			
1.4	其他设备及材料	304500	456272	120544	6538	576816	881316			
2	电气系统	4560000	323376	285009	49430	608385	5168385	元/千瓦	1200000	4.31
2.1	除尘变压器及配件	0	0	0	0	0	0			
2.2	高频电源供电系统	4560000	0	0	0	0	4560000			
2.3	电缆及其构筑物	0	193113	159414	27298	352527	352527			
2.4	区域照明	0	109500	86733	16064	196233	196233			
2.5	接地	0	20763	38862	6068	59625	59625			
3	热控系统	1116087	163536	183828	43674	347364	1463451	元/千瓦	1200000	1.22
3.1	热工配电系统	985914	0	47376	11994	47376	1033290			
3.2	电缆及其他材料	0	152766	120834	26469	273600	273600			
3.3	消防系统	124050	0	0	0	0	124050			
3.4	通信系统	6123	10770	15618	5211	26388	32511			
合计		54193987	1323184	3674168	1802651	4997352	59191339			

附录15

案例4　方案三安装工程估算表

序号	工程或费用名称	设备购置费/元	安装工程费/元				合计/元	技术经济指标		
			装置性材料	安装费	其中：人工费	小计		单位	数量	指标
一	主辅生产工程	11094150	1763255	934622	527463	2697877	13792027			
(一)	除尘器电控系统改造	11094150	1763255	934622	527463	2697877	13792027	元/千瓦	1200000	11.49
1	原有电除尘器设备修复	1400000	400000	200000	120000	600000	2000000	元/千瓦	1200000	1.67
2	气力输灰系统改造	1350000	0	290000	253600	290000	1640000	元/千瓦	1200000	1.37
3	电气系统	7080000	953355	351140	123168	1304495	8384495	元/千瓦	1200000	6.99
3.1	三相电源供电系统	2960000	0	82560	35623	82560	3042560			
3.2	高压隔离开关	40000	0	56780	19865	56780	96780			
3.3	电缆及其构筑物	0	900000	82500	33360	982500	982500			
3.4	接地	0	53355	42500	14820	95855	95855			
3.5	三相变压器	4080000	0	86800	19500	86800	4166800			

4	热控系统	1264150	409900	93482	30695	503382	1767532	元/千瓦	1200000	1.47
4.1	低压控制柜	960000	0	8860	3560	8860	968860			
4.2	上位机	300000	0	1200	850	1200	301200			
4.3	电缆及其他材料	0	400000	73000	22160	473000	473000			
4.4	通信系统	4150	9900	10422	4125	20322	24472			
合计		11094150	1763255	934622	527463	2697877	13792027			